Karma Business

So leben und arbeiten Sie
glücklicher und erfüllter

Katja Niedermeier

W0181066

C.H.BECK

So nutzen Sie dieses Buch

Die folgenden Elemente erleichtern Ihnen die Orientierung im Buch:

Fallbeispiele und Übungen

Sie dienen zur Veranschaulichung und Vertiefung von Sachverhalten.

Checkliste

✓ Die Checklisten bringen Ordnung in Ihre Gedanken.
✓ Sie geben Inspiration und Anregungen.

Die Kästen enthalten Merksätze und Tipps.

Auf den Punkt gebracht

Am Ende jedes Kapitels finden Sie eine Zusammenfassung.

Inhalt

Am Anfang war ... der Frust

Spiritualität basiert auf der Vorstellung, dass es etwas gibt, das unser Leben auf Erden steuert. Diese Vorstellung entspringt dem Geiste. Hält man sie für glaubwürdig, richtet man in der Regel sein Leben entsprechend aus und erlebt Bestätigung. Hat man eine andere Vorstellung, nämlich die, dass alles wissenschaftlich belegbar sein muss, um glaubwürdig zu sein, erlebt man auch hier Bestätigung. Ich habe mich für Variante eins entschieden.

Sie lesen dieses Buch, weil Sie finden, dass es Ihnen ruhig besser gehen könnte als jetzt. Was fehlt Ihnen denn? Ist es Anerkennung? Oder Freude und Leichtigkeit bei der Arbeit? Mangelt es Ihnen an Geld? Vielleicht wünschen Sie sich auch einfach einen neuen Aktionsansatz oder eine neue Sichtweise, ohne dass es Ihnen an etwas fehlt. Dann wären Sie eine bemerkenswerte Ausnahme. Kaum jemand interessiert sich für Neues, solange das Alte noch großartig funktioniert. Bei mir funktionierte es nicht mehr …

Im Jahr 2001 hatte ich mich als PR-Managerin für Popstars selbstständig gemacht. Plattenfirmen waren meine Auftraggeber. Es lief ziemlich gut, nur erfüllt hat mich der Job nicht so richtig. Ich war richtig gut darin, mir die Welt schönzureden und mich den geselligen Gepflogenheiten der Branche anzupassen. Das war zwar ermüdend und ich war oft krank, doch wollte ich diesen Signalen partout keine größere Bedeutung beimessen.

Im November 2003 – also noch vor Facebook, YouTube und Instagram – erlebten mein Mann und ich zwei Autopannen, als ich im 7. Monat schwanger war: die erste an der Autobahnausfahrt „Neustadt-Glewe" auf der Fahrt von Berlin nach Hamburg. Die zweite Panne passierte nur drei Tage später auf der Rückfahrt: wieder an der Autobahnausfahrt „Neustadt-Glewe". Nennen wir's Zufall. Jedenfalls wurde ich am 17. November in der Notaufnahme einer Schweriner Klinik Mutter einer Tochter, deren Geburtstermin für Ende Januar errechnet war. Die Ärzte sagten, dass es alles andere als selbstverständlich sei, dass sowohl unsere Tochter als auch ich heute am Leben sind.

Mein Leben veränderte sich. Meine Werte verschoben sich. Dennoch strampelte ich noch einige Jahre trotz innerer Widerstände tapfer lächelnd, netzwerkend und small-talkend weiter.

Zum 10. Geburtstag unserer Tochter besuchten wir übrigens erstmals gemeinsam ihren Geburtsort. Mit einem nagelneuen Mietwagen. Raten Sie mal, wo dieser liegen blieb ...

Ich interessierte mich schon seit geraumer Zeit für Zufälle, die keine sind, und begann mich für Spiritualität und ihre Phänomene zu öffnen. Ich fand Lehrer, las Bücher, meditierte und wurde gelassener und friedlicher. Doch innere Bedürfnisse und finanzielle Erfordernisse klafften weit auseinander. 2009 stand ich kurz vor der Pleite. Mit klopfendem Herzen und Kloß im Hals saß ich vor meinem Rechner und googelte zwei Wörter: „Insolvenz anmelden".

Schon als Schülerin hatte ich mich leicht ablenken lassen, wenn mich ein Thema nicht vollends begeisterte, und so stieß ich bei meiner bedrückenden Onlinerecherche auf einen Link, bei dem es um „karmische Erfolgsprinzipien" ging. Ich tauchte ein, lernte Neues und begann das Neue, Ungewohnte anzuwenden. Ich spürte, dass die Zeit gekommen war, mich von der PR-Arbeit zu verabschieden.

Ich nahm mir vor, ab jetzt alles, was ich tat, voller Freude und Dankbarkeit zu tun. Konnte ich beides nicht empfinden, blieb ich so lange untätig, bis mir ein Grund zur Freude einfiel. Eine Frage der Übung, wie sich herausstellte. Aus Mitgefühl gegenüber Tieren entschied ich mich für den veganen Lebensstil, der mein Leben auf vielen Ebenen bereichert hat. Ich hörte auf, Konkurrenz als solche zu betrachten, und begriff, dass für uns alle genügend Kundschaft da ist, wenn wir uns als gegenseitige Ergänzung verstehen und nicht etwa als Ersatz füreinander.

Ich gestaltete meine geschäftliche Ausrichtung neu, ließ mich vollends auf die karmischen Erfolgsprinzipien ein, konzipierte meinen ersten Workshop, schrieb mein erstes Buch, hielt meinen ersten Vortrag, engagierte mich erstmals ehrenamtlich und genoss es, Stück für Stück meine Schulden abzubauen. Vieles machte ich zum ersten Mal und alles ergab für mich einen Sinn.

Heute weiß ich, dass unsere Entscheidungen etwas anderes sind als nur verstandbasierte Wegweiser. Sie sind mehr als das. Sie sind weitreichender, als wir es uns vorstellen können. Und hier beginnt die Magie.

Herzlich
Katja Niedermeier

Was ist Karma und wie funktioniert es?

Liebe, **Freiheit** und **Kühnheit** sind Werte, die mir wichtig sind und die es mir ermöglichen, nach der Karma-Business-Philosophie zu arbeiten und zu leben.

Karma? Das ist doch dieses Konto, bei dem man Punkte sammeln kann, wenn man einer älteren Dame über die Straße hilft oder eine Raupe zurück aufs Blatt setzt, oder? Und wenn es einem so richtig dreckig geht, ist man selbst schuld. War das nicht so?

Jein. Der Sachverhalt stimmt, aber die Wortwahl hinkt gewaltig, denn hier geht es nicht um Schuld, sondern um das kosmische Prinzip von Ursache und Wirkung. Übertragen auf die Praxis würde das etwa bedeuten: Den verspäteten Lieferanten oder die konfuse Logistik trifft keine „Schuld" – sie sind nichts weiter als ein Effekt. Der unzuverlässige Geschäftspartner ist nicht etwa „schuld", sondern nichts weiter als die unausweichliche Begleiterscheinung einer emotionalen Reaktion auf eine vorangegangene Ursache. Diese ursächliche Quelle Ihrer Emotion und Ihrer Erlebnisse ist niemals außerhalb Ihres Körpers und Ihres Geistes zu finden. Sollte Ihr Geschäft blühen und Ihnen Freude bereiten, dann können Sie sich zu Ihrem glücklichen Händchen beim Säen karmischer Saaten beglückwünschen. Im Zuge der folgenden Kapitel werden Ihnen verblüffende, bizarre und kaum vorstellbare Zusammenhänge klar werden, so wie es auch bei mir vor einigen Jahren der Fall gewesen ist.

Bei dem Wort „Karma" handelt sich um einen Begriff aus dem Sanskrit. „Karma" bedeutet soviel wie „Wirken" bzw.

„Handlung/Tat", und dieses spirituelle Konzept besagt, dass alles, was wir denken, sprechen und tun, eine logische Folge nach sich zieht, ein Erlebnis. Dem Ganzen liegt die Vorstellung zugrunde, dass nach dem Tod eine Wiedergeburt folgt und dass das, was wir zu Lebzeiten verursachen, entweder noch im selben Leben seine Auswirkung zeigt oder in einem späteren. Ihre heutigen Erlebnisse und die Situation, in der Sie sich befinden, können demnach ihren Ursprung sowohl im letzten Jahr als auch in einem Ihrer Vorleben haben.

> **!** „Reinkarnation und Karma bilden einen wundervollen, ganz unvergleichlichen Weltmythos, gegen den wohl jedes andere Dogma kleinlich und borniert erscheinen muss."
> Richard Wagner

Nun gehören Sie vielleicht zu denjenigen, die mit Begriffen wie „Vorleben" oder „früheres Leben" nicht so richtig warm werden. Verständlich. Das Ganze ist ja auch wirklich enorm kurios. Was Sie jedoch nachvollziehen können, ist, dass etwas, das Sie mit Energie (Kraft) in einen Kreislauf hineingeben, später an der Ursprungsstelle (bei Ihnen) wieder ankommt – mitunter sogar mit etwas mehr Geschwindigkeit und größerer Wucht. Physik eben.

Ich hätte dieses Buch auch „Physik Business" nennen können, nur hätte dann darin das Phänomen „Glauben" gefehlt, welcher ja bekanntlich mehr Berge versetzt als das pure Wissen. Und mal ganz ehrlich – was wissen wir schon wirklich?

Sie mögen denken, dass die Berufswelt all die Jahre auch ohne spirituellen Einfluss funktioniert hat und dass dieser neue Ansatz etwas weit hergeholt ist. Da irren Sie sich. Die Prinzipien Freude, Klarheit, Mitgefühl, Freigebigkeit und Leerheit sind keine Kuriositäten, sondern die Basis für jedes erfolgreiche Arbeiten. Es sind Faktoren, die den „ehrbaren Kaufmann" ausmachen. Den Unterschied macht hier die spirituelle Komponente, nämlich die bewusste Geisteshaltung beim Leben dieser Werte. Ohne Spiritualität funktioniert Ihr Geschäft so mühelos und unkompliziert, als würden Sie versuchen, die Gesetze der Schwerkraft einfach zu ignorieren. Es ist zwar machbar, aber auch enorm anstrengend.

Zurück zum Begriff „Karma". Karma ist das, was der Hindu als Schicksal annimmt und erträgt. Der Buddhist hingegen erkennt sein eigenverantwortliches Potenzial, sein Karma selbst zu verursachen und sein Schicksal zu gestalten. Sind unsere kleinen und großen Entscheidungen sowie unsere Worte und Gedanken voller Liebe, legen wir eine kraftvolle Saat im Geiste und können uns später an den Früchten auf emotionaler Ebene erfreuen, weil unser Geist, unsere Gedanken, kreatives, sprich: schöpferisches Potenzial haben.

Je bewusster und achtsamer wir mit diesem Potenzial umgehen, desto größer ist die Wahrscheinlichkeit, dass wir zeitnah nährende, angenehme Ernte einfahren können. Wenn wir rückblickend feststellen, dass wir aus einer schwachen Emotion heraus eine schlechte Saat gelegt haben, besteht immer noch die Chance, durch ausgleichende Taten Neues zu säen. Demut, Großmut und Aufrichtigkeit sind gute Berater bei diesem Unterfangen.

Warum erleben Sie überhaupt Mangel in Ihrem Leben? Unser Karma lässt uns so oft inkarnieren, bis wir verstehen, dass wir unsere irdischen Probleme selbst kreieren und gleichwohl die Macht besitzen, diese auch eigenständig zu lösen. Das setzt Folgendes voraus:

- Wir weichen dem Problem nicht aus, sondern sehen es an.

- Wir übernehmen die Verantwortung für sein Entstehen.

- Wir suchen die Ursache in uns selbst.

- Wir hören dennoch nicht auf zu lieben.

Es ist von größter Bedeutung, sich bewusst zu machen, dass Karma nichts mit dem Verteilen von „Schuld" oder dem Entlarven eines „Schuldigen" zu tun hat. Karma hat die Aufgabe, uns sehr geduldig die (Selbst-)**Liebe** und die (Selbst-)**Vergebung** zu lehren, und unsere Aufgabe ist es, nach beidem Ausschau zu halten, nachdem wir unsere karmischen Probleme schuldlos und unbewusst verursacht haben.

> ### Beispiele für unbewusste Ursachen:
>
> - *familiäre, kulturelle oder gesellschaftliche Prägungen, die unreflektiert bleiben*
>
> - *negatives Gedankengut und eine verurteilende Haltung, was beides im gesellschaftlichen Umfeld als „normal" angesehen wird*
>
> - *Überzeugungen, die als „normal" oder „üblich" gelten, deren Wahrheitsgehalt aber nicht hinterfragt wird*
>
> - *Missetaten, die mit großer Vehemenz oder Häufigkeit in einem Vorleben begangen wurden und jetzt nicht mehr bewusst sind*

Jede dieser unbewussten Ursachen führt oder führte zu kleineren oder größeren Entscheidungen in Ihrem Alltag, die wiederum Auswirkungen nach sich ziehen.

- Stehe ich auf oder bleibe ich liegen?

- Esse ich dies oder lieber das?

- Grüße ich freundlich oder drehe ich mich weg?

- Packe ich es an oder überlasse ich es anderen?

Wofür entscheiden Sie sich heute? Welche Saaten legen Sie heute? Welche sind bereits gesät? Welche wollen Sie korrigieren? Sie können mit all Ihrer Macht und mit voller Kraft etwas Neues für sich kreieren, was großartig funktioniert und Erfüllung bringt. Denken Sie nur immer an **Liebe**, **Freiheit** und **Kühnheit** – dies sind die drei Motoren für das Gelingen.

Checkliste

✓ Sie wissen, was Karma ist.

✓ Sie kennen seine Wirkweise.

✓ Sie wissen, dass karmische Auswirkungen sofort spürbar sein können, aber vielleicht auch erst im nächsten Leben.

✓ Sie wissen, dass Sie die Saaten für Ihre Erlebnisse selbst säen.

✓ Sie verstehen, dass Karma nichts mit Schuld oder Selbstverschulden zu tun hat, sondern mit Ursache und Wirkung.

Möchten Sie Ihr Karma gestalten?

Auf den Punkt gebracht

Karma lehrt uns das Lieben und Vergeben. Es zeigt uns, an welchen Stellschrauben des Lebens wir noch zu drehen haben, und dient uns als selbstkreierter, nicht immer angenehmer Wegweiser zu Glück und Erfüllung.

Die drei Glücksfaktoren

Wir alle wünschen uns Glück und Erfüllung gepaart mit Erfolg. Es ist einfach schön, wenn uns alles gelingt, was wir anpacken, und wir uns dabei freudig, zuversichtlich, stark und gut fühlen. Wie schade, dass viele ihr Leben lang auf etwas davon verzichten müssen, weil sie sich der energetischen Zusammenhänge nicht bewusst sind.

> „Wenn Sie das Universum verstehen möchten, denken Sie an Energie, Frequenz und Schwingung."
> Nikola Tesla

Worauf basieren Glück und Erfüllung?

Glück und Erfüllung basieren auf drei Naturphänomenen, die jedem von uns innewohnen:

- Wachstum

- Kreation

- Fürsorge

Diese Dreierkombination ist es, die entsprechend wohlige und kraftvolle Gefühle in uns hervorruft. Sie lässt uns strahlen und verleiht uns Anziehungskraft. Die Natur und unsere Körperfunktionen machen es uns ohne Unterlass vor: Ständig wird Neues kreiert, es wird vor sich hin gewachsen und eine Funktion versorgt die andere in ständiger Wechselwirkung. Völlig harmonisch, völlig heil, völlig gesund. So lange, bis sich ein massiver Störfaktor dazugesellt. Dann entsteht Krankheit. Im geschäftlichen Kontext tritt dann Stagnation oder Rückläufigkeit an die Stelle von Wachstum. Routine und Langeweile treten an den Platz von Kreation, und Trübsal, Frust und Stress ersetzen die Fürsorglichkeit. Wird der Störfaktor nicht ausfindig gemacht, kann kein weiteres gesundes Wachstum stattfinden.

> **!** Wer lernt, wächst. Was in der Natur aufhört zu wachsen, stirbt.

Wann immer wir über uns hinauswachsen, wir es also geschafft haben, unsere Komfortzone zu verlassen, empfinden wir Glück und Stolz. Ebenso, wenn wir etwas Neues kreieren und dabei im Flow sind. Und wenn wir jemandem eine kleine oder große Hilfe sein können, beschleicht uns ein beglückendes Gefühl. Geschehen diese drei Dinge wieder und wieder, erleben wir das, was wir „Erfüllung" nennen.

Nun kann bei Weitem nicht jeder behaupten, dass sein Job beglückend sei. Viele müssen mächtig strampeln und stecken voller Versagens- und Existenzängste oder sind gelangweilt von ihrer Routine – ganz egal ob angestellt oder selbstständig. Eine Menge Menschen in Festanstellung wagen es nicht, sich ihren Job angenehm zu gestalten, weil sie dann gegen Regeln verstoßen müssten, und Selbstständige arbeiten selbst und ständig und bauen sich ihr eigenes Hamsterrad.

Karma Business ist Arbeit an sich selbst, mit einer großen Portion Selbstreflexion in Kombination mit wohlgesinnter Bereitschaft, einer Prise heldenhafter Kühnheit und einer ordentlichen Kelle wissbegieriger Aufgeschlossenheit. Sollten Sie herkömmliches Arbeiten gewohnt sein, mag diese Kombination ein wenig anstrengend, ja fast schon abschreckend klingen. Sie ist jedoch im Vergleich zu dem Ihnen vertrauten Prozedere ein Schaumbad mit Pflegeessenzen.

Solange Sie sich immer nur im selben Kreis bewegen, sich nicht fortbilden, nichts Neues wagen, dem Risiko ausweichen und sich nicht auf neue, ungewöhnliche Kontakte einlassen, treten Sie auf der Stelle.

Falls das bei Ihnen nicht der Fall ist und Sie regelmäßig voller Begeisterung Ihre eigene Schallmauer durchbrechen, kann es dennoch sein, dass Sie nebenbei Ihre Kreativität vernachlässigen und dadurch Freude einbüßen. Gerade wenn Sie von Natur aus kreativ sind, Ihren Job jedoch nach bestimmten Vorgaben verrichten müssen, werden Sie das Gefühl haben, dass es Ihnen an Inspiration und Ideenreichtum mangelt.

Wenn Wachstum und Kreativität bei Ihnen ausbalanciert sind, Sie allerdings Ihren Blick dabei nur auf sich selbst richten, werden Sie sich irgendwann nach Sinnhaftigkeit sehnen.

Und sollte Ihr Fokus mit all dem, was Sie tun, ausschließlich auf Hilfestellung und Dienen ausgerichtet sein, ohne dass Sie Ihre gewohnten Gefilde verlassen und Ihrer Kreativität Raum geben können, werden Sie früher oder später mürbe.

Diese drei Phänomene – Wachstum, Kreation und Fürsorge –, die nun einmal in unserer Natur liegen, aktiv und bewusst zu leben und sie vor allem auch in unseren beruflichen Kontext zu integrieren, ist ein Allround-Freude-Paket.

Wachstum

Wir wachsen immer dann, wenn wir etwas tun, wovor wir uns am liebsten drücken würden, ja, wovor wir sogar enorme Angst haben. Das liegt daran, dass ein Teil unseres Gehirns dafür zuständig ist, uns Warnsignale zu senden, die uns davon abhalten sollen, Ungewohntes, Ungewöhnliches oder Riskantes zu tun oder zu denken. Diese Warnsignale sollen unser Weiterleben sichern. Für diesen Teil des Gehirns wirkt das Verlassen der Komfortzone existenzbedrohlich. Je nachdem, welcher Typ Mensch Sie sind und welche Gewohnheiten Sie pflegen, um einen Bogen um etwas Unangenehmes zu machen, wird dieser Teil Ihres Gehirns Zweifel, Scham oder Angst senden und einen guten und nachvollziehbaren Grund finden, Sie innerhalb Ihrer Komfortzone zu halten. Man nennt diese Gründe auch „Ausreden". Das kann schon bei kleinsten Schritten geschehen – je nachdem, was Ihnen persönlich schwerfällt.

Fallbeispiel: Eva, 38, Reisebloggerin

„Ich befand mich in einer Festanstellung und hatte mir spaßeshalber nebenbei einen Blog angelegt, um meine Reisen dort zu dokumentieren. Im Coaching wurde mir klar, dass ich liebend gerne von dieser Hobbytätigkeit leben würde, doch ich hatte wahnsinnige Angst zu scheitern. Ich lernte, dorthin zu gehen, wo meine Angst und meine Zweifel am stärksten waren, und beschloss, in die Selbstständigkeit zu gehen. Es war keinesfalls immer leicht und manches Mal war ich kurz davor, mich wieder irgendwo zu bewerben. Dennoch: Seither reise ich um die Welt und verdiene inzwischen meinen Lebensunterhalt mit dem, was ich liebe."

▌ *Übung: Komfortzone verlassen und wachsen*

- *Bitten Sie jemanden um Verzeihung.*
- *Bitten Sie um Hilfe.*
- *Verzeihen Sie jemandem und lassen Sie's gut sein.*
- *Geben Sie öffentlich einen Fehler zu.*
- *Halten Sie einen Vortrag vor Publikum trotz Ihres Lampenfiebers.*
- *Beenden Sie eine ungesunde Zusammenarbeit, selbst wenn Sie nicht wissen, was danach kommt.*
- *Empfehlen Sie einen Kollegen, bei dem es gerade nicht so gut läuft.*
- *Verhalten Sie sich freigiebig.*
- *Bleiben Sie bei der Wahrheit.*
- *Verzichten Sie auf Tricks.*
- *Lernen Sie etwas über ethisches Marketing.*

Kreation

Wann haben Sie zuletzt etwas kreiert? Damit meine ich nicht routinemäßiges Kochen oder Ähnliches. Ich meine etwas, das es vorher nicht gab. Etwas, das Sie gerade erst erfunden haben. Sie haben doch bestimmt schon einmal mit Knete gespielt und so lange mit den flachen Händen den Knetklops hin und her gerollt, bis eine Wurst entstanden ist. Und? Was war das dann für Sie? Eine Wurst? Eine Schlange? Haben Sie das Ding zur Schnecke gedreht? Hatten Sie das vorher so geplant? Das meine ich. Etwas beginnen, um irgendwann auf dem Wege etwas daraus zu gestalten, ohne Rezept, Anweisung oder Gebrauchsanleitung.

Mein heutiger Beruf ist so entstanden. Ich war erst dies, dann war ich das, und peu à peu hat sich etwas dabei herauskristallisiert, das meine Handschrift trägt und eben zu mir gehört.

Im Nachhinein weiß ich, dass all das noch viel schneller hätte passieren können, wenn ich dieses oder jenes nicht gesagt oder getan hätte, und andererseits ist mir auch klar, dass ich mein Glück selbst kreiert habe – früher unbewusst, heute bewusster.

Es ist völlig egal, ob Sie ein eigenes Business betreiben oder angestellt sind – Sie können da, wo Sie gerade stehen, ihren eigenen Stil einbringen und das, was Sie „Job" nennen, mit Ihrer Handschrift versehen. Es ist immerhin Ihre Lebenszeit! Dazu gehört es, die eine oder andere Regel zu brechen, anzuecken, Kritik einzustecken, gleichzeitig Hervorragendes und Überraschendes abzuliefern und diese Herausforderung mit Lust anzunehmen. Wann immer Sie für andere eine Inspiration sein können, seien Sie's.

Sie empfinden Ihre Jobsituation aktuell nicht als ideal? Dann werden Sie im Laufe dieser Lektüre ein paar Einsichten und Ideen erhalten, wie Sie es schaffen, die Herausforderung anzunehmen. Sie werden damit beginnen, Ihren aktuellen Job neu zu gestalten und ihm auf diese Weise ein neues Gesicht zu geben. In diesem Buch bekommen Sie Impulse und Anleitung, wie Sie die momentan vielleicht noch unvorstellbare Veränderung bewerkstelligen. Was war es doch gleich noch mal, was Sie dazu benötigen werden? Liebe, Freiheit, Kühnheit.

Übung: Idealjob-Skizze

Nehmen Sie ein Blatt Papier und skizzieren Sie Ihr ideales Arbeitsumfeld. Bedenken Sie dabei, dass es diesen Job aktuell noch nicht gibt. Sie „bauen" ihn sich jetzt. Kreativität ist hier gefragt und Schneid! Sie können damit beginnen, folgende Fragen zu beantworten:

Brauchen Sie ein Team um sich herum, um sich wohlzufühlen? Arbeiten Sie vorzugsweise allein und ungestört? Liegt Ihnen die Rolle des Leittieres oder finden Sie es angenehmer, folgen zu dürfen? Können Sie ein guter, umsichtiger, verantwortungsbewusster und mutiger Chef sein? Auch Ihr eigener? Brauchen Sie eher Remmidemmi oder Stille?

Nun die Kreativität: Fotografieren Sie, schreiben Sie, zeichnen Sie, filmen Sie – und lassen Sie Tätigkeiten wie diese in Ihre Arbeit einfließen. Kreieren Sie so Ihr eigenes Profil und belegen Sie auf diese Weise eine ganz bestimmte Position – sei es in Ihrem Markt oder in der Firma. Machen Sie Übliches auf Ihre eigene Art und Weise und kreieren Sie etwas anderes, etwas „Seltsames".

Die karmischen Prinzipien und Regeln, die im folgenden Kapitel behandelt werden, werden Ihnen eine gute Stütze dabei sein. Denn die wahre Ursache dafür, dass Sie Ihre Jobsituation als nicht ideal ansehen können, wird dazu führen, dass Ihnen dies auch in Ihrem nächsten Job so vorkommt – es sei denn, Sie arbeiten an der wahren Ursache für diese Wahrnehmung.

Kreieren Sie, bevor Sie konsumieren. **!**

Fürsorge

In jedem von uns ist der Hang zu gegenseitiger Unterstützung verwurzelt. Es ist schön, für andere etwas tun zu können. Handeln Sie diesbezüglich aus intuitiven Impulsen heraus. Zögern Sie nicht, jemandem dabei zu helfen, sein Ziel zu erreichen. Eine Kollegin strebt eine Beförderung an? Unterstützen Sie sie darin. Sie wollen diese Beförderung lieber selbst? Dann helfen Sie vorher jemand anderem, etwas zu bekommen, was er sich wünscht. Helfen Sie aus dem Herzen heraus. Die nötigen Impulse werden Sie spüren, wenn Sie achtsam sind. Nur wenden Sie das Helfen niemals als „karmischen Trick" an. Sie können sich schon denken, dass das nicht klappt.

 Wenn Sie sich Erfolg wünschen, so verhelfen Sie zuerst einer anderen Person zum Erfolg.

Checkliste
✓ Sie wissen, was Sie tun können, um über sich hinauszuwachsen.
✓ Sie wissen, was Sie tun können, um Kreativität in Ihren Alltag zu integrieren.
✓ Sie wissen, was Sie tun können, damit Sie Ihre Fürsorglichkeit ausleben können.

Streben Sie an, täglich zu wachsen, zu kreieren und jemanden zu unterstützen.

Auf den Punkt gebracht

Glück und Erfüllung basieren auf der Dreieinigkeit von Wachstum, Kreation und Fürsorge. Bleibt eins davon auf der Strecke, fühlen wir uns leer, unerfüllt oder haben das Gefühl, auf der Stelle zu treten.

Die fünf Prinzipien des Karma Business

Konkurrenz, Schuldzuweisungen und Mangelgefühle – klingt das nicht herrlich? Das belebt so schön das Geschäft! Das bringt uns tüchtig zum Nachdenken und spornt uns so richtig zu Bestleistungen an! Sie merken es schon: Ich scherze.

Ich kann Ihnen gar nicht sagen, wie leid ich es war, nach links und rechts zu schielen und zu fürchten, dass mein Auftraggeber am Ende doch zur günstigeren Konkurrenz abwandert. Meine Lösung damals: im Preis entgegenkommen. Ich kenne kaum Freelancer und Einzelunternehmer/innen, die das nicht so handhaben. Auch kenne ich nur ganz wenige Personen, die glasklar und selbstsicher in eine Gehaltsverhandlung hineingehen und auch genau das bekommen, was sie einfordern.

Wer mich kennt, weiß, dass ich weder besonders viel von starren Reglements halte noch ein strikter Prinzipienreiter bin. Seit ich mich allerdings an die fünf karmischen Prinzipien und die im nächsten Kapitel vorgestellten drei Businessregeln halte, erlebe ich in meinem Beruf genau das, was ich mir wünsche: Erfüllung, Wachstum, Erfolg, Kreativität und Support.

Mir ist vor einigen Jahren klar geworden: Wenn etwas einmal funktioniert und ein anderes Mal nicht, dann funktioniert es eben nicht. Wir hatten einmal ein Auto, das so launisch war. Mal sprang es an, dann wieder nicht. Zum Verrücktwerden! Damit etwas verlässlich funktioniert und nicht vom Wetter oder dem vermeintlichen Glück abhängt, bedarf es eines

Systems, bei dem die Zahnräder ineinandergreifen. Mein persönliches Fünfstufenmodell habe ich bereits in meinem letzten Buch „Gut gelaunt erfolgreich – die erstaunliche Macht der Dankbarkeit" vorgestellt:

1. Erfolgsbewusstsein prüfen: Was ist Erfolg?

2. Bedürftigkeit enttarnen: Wo besteht Mangel im Innen?

3. Gründlich ausmisten: Überfluss im Außen wahrnehmen

4. Persönlichkeit: Selbstliebe, Selbstvertrauen, Selbstwert

5. Der Erfolgsturbo: Integration der karmischen Prinzipien

In diesem Buch gehe ich mit Ihnen einen Schritt weiter. Vor Ihnen liegt die Anleitung für Ihre persönliche spirituelle und wirtschaftliche Weiterentwicklung, mit dem Ziel, Glück, Erfüllung und Erfolg zu gleichen Teilen zu erleben.

Karma Business: die Basis

Das Schöne an der Karma-Business-Philosophie ist, dass sie auf Konzepte wie Konkurrenzdenken, Schuld und Mangel verzichtet und stattdessen tiefer in die Materie von Ursache und Wirkung eindringt. Dies erleben zu wollen, ist der Ausgangspunkt, sich für diesen Lebens- und Arbeitsstil zu öffnen. Karma Business ist liebevolles Tun, um Liebevolles zu erleben, Liebevolles zu erwirken und Liebevolles zu hinterlassen. Aus Hochmut wird Demut. Aus Profitgier wird Umsichtigkeit. Aus Konkurrenzdenken wird Kollegialität. Aus Stress, Druck und Hektik werden Innenschau, Meditation und Gebet. Aus Kontrollzwang wird intuitives Handeln, und aus dem Wollen wird plötzlich ein Können und Erleben. Karma

Business ermöglicht Zeitfenster für Ruhepausen, Kreativität und interessierte Recherche. Es erlaubt sogar vermeintliche (!) Fehlentscheidungen, sofern eine liebevolle innere Haltung vorliegt. Denn all das führt zu Erfüllung und Erfolg auf physischer und emotionaler Ebene. Karma Business basiert auf hingebungsvoller Liebe: Liebe zum Geschäft, Liebe zum Tun, Liebe zum Verdienst, Liebe zu Mutter Erde und Liebe zu sich selbst.

Manch einer mag jetzt denken: „Aber ich liebe mich doch selbst und unseren Planeten auch, und mein Geschäft liebe ich ebenfalls und logischerweise verdiene ich auch gerne etwas – was ist daran so besonders?" Beim Studieren der folgenden Prinzipien wird Ihnen sehr schnell klar werden, worin die Besonderheit liegt und dass Ihre bisherige Herangehensweise und Überzeugung ein Irrtum und gar nicht unbedingt so liebevoll war.

Lassen Sie sich auf die Magie der karmischen Erfolgsprinzipien ein und Sie werden erleben, dass sich Erleichterung, Vereinfachung und Entspannung einstellen. Natürlich werden dennoch immer mal wieder kleinere Hindernisse und Widrigkeiten auftreten. Das sind Früchte früherer Saaten. Doch tauchen sie längst nicht mehr so häufig auf, da Sie im Begriff sind umzulenken. Die verbleibenden kleinen Stolpersteine halten uns wach und machen uns auf etwas aufmerksam, was noch aufgelöst werden will. Und das geht mit der Zeit immer leichter.

Das Prinzip „Freude"

Freudiges Bemühen ist nach buddhistischer Überlieferung der Grundstein für hohes Ansehen, einen guten Ruf und Führungsqualität.

Dabei ist es gar nicht notwendig, in die buddhistischen Sutras (Lehrtexte) einzutauchen. Die Chefs, die ich geschätzt habe, hatten allesamt Lust auf das, was sie taten. Sie waren engagiert, umsichtig, couragiert und voller Elan bei der Sache. Und wenn ich mir überlege, welche Personen ich als respektable Leader bezeichnen würde, so sehe ich ganz klar, dass sie alle die Leidenschaft zum Tun verbindet. Jeder Motivations- und Erfolgstrainer wird Ihnen erzählen, dass Sie die größten Erfolge feiern können, wenn Sie das tun, was Sie lieben.

Alles – wirklich alles – mit Freude zu tun, klingt dennoch zunächst einmal über-ambitioniert. Es klingt nach aufgesetztem Grinsen, erzwungenem Wollen und irgendwie … anstrengend. Arbeiten wir jedoch karmisch nachlässig, sprich: „normal", und erlauben wir uns, unsere beruflichen Handlungen mit Unlust, innerem Widerstand, Frust oder gar Angst zu erledigen, mag das, was wir anpacken, zwar fertig werden, aber niemals gut. Nur weil etwas fertig ist und halbwegs gut aussieht, hat es noch lange keine positive Auswirkung auf Ihre Ausstrahlung. Die ist jedoch wichtig, wenn Sie „gute Leute" und „tolle Momente" anziehen wollen wie eine Banane die Fruchtfliegen.

Doch wie soll das gehen, wenn um einen herum so viele Baustellen abzudecken und Brände zu löschen sind? Es ist ja nicht so, dass alle anderen gleich mitziehen, nur weil Sie sich dazu entschließen, ab jetzt alles fröhlich pfeifend zu tun. Korrekt?

Handhaben Sie es dennoch ab jetzt so, denn an dieser Stelle sei gesagt, dass Sie selbst für zukünftige Erlebnisse, Kontakte, Möglichkeiten, Überraschungen und Erträge die entsprechenden energetischen Samen säen. Und zwar in jedem Moment und vollkommen unabhängig davon, was Sie gerade umgibt. Was das angeht, so haben Sie diesen Schauplatz mit allen einhergehenden Gefühlen, die Sie momentan haben, selbst kreiert. Das gilt logischerweise auch für die rosigen Momente. Die Gefühle, mit denen Sie Ihre finanzielle, wirtschaftliche, geschäftliche Situation erleben (unbeschwert und freudig oder anstrengend und sehnsuchtsvoll), sind die emotionalen Früchte, die Sie ernten, weil Sie zuvor eine Saat in den Kreislauf hineingegeben haben, die es unumgänglich gemacht hat, dass diese Gefühle in diesem Lebensbereich auftauchen. Natürlich haben Sie das nicht bewusst gemacht, und in böser Absicht bzw. weiser Voraussicht schon gleich gar nicht. Die Frage ist: Werden Sie es ab jetzt anders angehen?

> „Es erscheint immer unmöglich. Bis man es gemacht hat."
> Nelson Mandela

Falls Ihnen das Prinzip „Freude" im Zusammenhang mit Ihrem derzeitigen Job noch ein wenig sperrig und konstruiert erscheint, dann können wir uns vielleicht auf den Begriff „Bereitwilligkeit" einigen. Bereitwillig etwas zu tun, ist auf jeden Fall um einiges angenehmer als widerwillig.

SEHR GUT !

Wann immer wir uns bewegen, setzen wir Energie in Form von Schwingungen frei. Eine hohe Schwingungsfrequenz fühlt sich gut an und ist die Saat für Gutes. Bei niedriger Frequenz ist das Gegenteil der Fall. Etwas mit Freude zu tun, ist eine Frage des Wollens, der Übung und dessen, was Sie am Ende ernten wollen. Also lächeln Sie. Lächeln Sie so, dass Ihre Zähne zu sehen sind. Lächeln Sie lange. Ihre Kiefermuskulatur wird dabei ein bisschen müde werden, aber Ihr Gehirn wird diesem Muskelimpuls folgen. Natürlich werden Sie sich auch blöd dabei vorkommen. Doch wenn das alle so machten, wäre es Ihnen egal.

Merken Sie, dass Sie ungern anders sein wollen als die anderen? Nur leider führt das eben nicht unbedingt zu Glück, Erfüllung und Erfolg. Eine Prise Kühnheit ist gefragt. Nach ca. zwei Minuten des Grinselächelns ist Ihre Stimmung aufgehellt. Sie können dann besser kommunizieren und eventuelle Konflikte leichter lösen. Ungewohnte Ergebnisse erfordern ungewohnte Handlungen.

Wenn Sie es gewohnt sind, unter Druck oder gezwungenermaßen zu arbeiten, dann gelingen Ihnen die Dinge manchmal und manchmal eben nicht. Und das finden Sie dann aus der Gewohnheit heraus normal. Ich habe die Erfahrung gemacht, dass etwas, das ich freudvoll und ohne Druck angehe, immer gelingt. Und ums Gelingen geht es nunmal im Job.

Ich habe mir etwas „Unerhörtes" angewöhnt: Bei negativen Gefühlen bleibe ich untätig – keine Mail, kein Posting, kein Blogeintrag, kein Telefonat, kein Termin. Das war nicht immer so. Und vor allem klappte die Veränderung nicht von jetzt auf gleich, aber immerhin: Sie klappte. Ich habe einfach irgendwann angefangen, mich entsprechend zu verhalten. Heute kann ich diese Freiheit als neue Normalität genießen. Meine Vorgehensweise: Wenn ich Stress, Hetze oder Irritation anstelle von Freude und Leichtigkeit spüre, richte ich meine Aufmerksamkeit auf meinen Atem. Egal wie dringlich etwas ist, egal wie schnell ich reagieren „müsste": Ich atme, und zwar mit der Intention, dass das freudlose Gefühl sich wieder verabschieden möge. Mit dieser Absicht, ohne analysieren, interpretieren oder unbedingt Recht behalten zu wollen, transformiert sich die Emotion nach einer Weile in Lust aufs Tun. Dann ist es für mich nur noch wichtig zu erkennen, dass ich selbst den Samen für das ungute Gefühl vorher gelegt hatte und dass es wichtig war, es anzunehmen. Hingabe. Und Sie können das auch, wenn Sie heute anfangen, Ihre Gewohnheiten zu verändern.

> Wachstum beginnt hinter der Komfortzone, und zwar in dem Moment, in dem uns unser „gesunder Menschenverstand" davon abhalten will. **!**

Sie tun übrigens gut daran, sich in Gelassenheit zu üben. Hadern Sie nicht mit der Situation, in der Sie sich gerade befinden, denn die Situation gewinnt ohnehin. Hingabe ist nicht dasselbe wie Gleichgültigkeit. In meinem ersten Buch „Gelassenheit im Job – die Entdeckung der Leichtigkeit" finden Sie entsprechende Übungen.

Unsere Intention ist eine Bewegung des Geistes, die wie ein Samen auf energetischer Basis wirkt. Säen Sie etwas mit Freude, dann ernten Sie Entsprechendes. Wollen Sie selbst freudvoll arbeiten, dann seien Sie zunächst eine Quelle der

Freude für eine Person in Ihrem Umfeld. Lesen Sie hier ein paar Tipps, wie Sie Freude erleben können:

- Erinnern Sie sich an etwas, das Ihnen gefallen hat.

- Schauen Sie sich um und entdecken Sie etwas Schönes.

- Schenken Sie jemandem eine Kleinigkeit.

- Bringen Sie der Kollegin ein Croissant mit.

- Sehen Sie sich etwas an, das Sie zum Lachen bringt.

- Empfehlen Sie jemanden weiter.

- Atmen Sie ein, halten Sie die Luft an und atmen Sie durch den Mund aus.

- Gönnen Sie Ihren Sinnen einen Genuss.

Übung: Neigungen und Lieblingstätigkeiten

Schreiben Sie auf, welche Tätigkeiten Sie in Ihrer Freizeit gerne tun und welche Momente Ihres Arbeitsalltags Sie genießen – unabhängig davon, ob diese Momente zu der offiziellen Jobbeschreibung gehören oder nicht. Lehren oder unterrichten Sie vielleicht gerne bzw. erklären Sie anderen gerne Ihre Erkenntnisse? Schaffen Sie gern Ordnung? Können Sie andere inspirieren?

Diese Übung wird Ihnen Aufschluss darüber geben, in welche Richtung Sie sich weiterstrecken können, um sofort mehr Freude beim Tun zu empfinden. Erkennen Sie Ihre Neigungen und Vorlieben und übernehmen Sie die Verantwortung dafür, diesen so oft es geht nachzugehen. Wenn die zeitliche Kapazität nicht reicht, streichen Sie das, was Ihnen keinen Spaß (mehr) macht. Schaffen Sie peu à peu

Raum für Tätigkeiten, die Sie lieben. Sprechen Sie mit Ihrem Chef, strukturieren Sie Ihre Selbstständigkeit um, sourcen Sie out. Doch bevor Sie dies tun, brauchen Sie eines: Klarheit darüber, wo es hingehen soll.

Checkliste

✓ Tun Sie schon etwas, das Ihnen Spaß macht?
✓ Gelingt Ihnen manchmal etwas?
✓ Welche Tätigkeiten möchten Sie gerne anderen überlassen?
✓ Verstehen Sie, dass die Freude am Tun wichtig ist?
✓ Werden auch Sie jetzt untätig bleiben, bis es Ihnen wieder gut geht?

Treffen Sie eine Entscheidung und finden Sie Wege.

Das Prinzip „Klarheit"

Klarheit begünstigt weise Entscheidungen und einen attraktiven Auftritt nach außen.

Zielloses und uninspiriertes Vor-sich-hin-Arbeiten (müssen) führt weder zu Erfüllung noch zu Erfolg. Überrascht? Wohl kaum. Was wir tun, warum wir es tun und die Voraussicht, dass am Ende ein Ergebnis zu erkennen ist, ist für jeden von uns von Bedeutung. Für unsere Geschäftspartner wiederum ist unsere Klarheit in Form von Transparenz und Integrität wichtig, um erfreuliche Erfahrungen mit uns machen zu können.

Als mir vor etlichen Jahren klar geworden ist, aus welch uninspirierter Motivation heraus ich meine damalige PR-Arbeit verrichtete, stellte ich mein Tun gänzlich infrage und begann zu zweifeln. Hält ein Zweifel zu lange an oder kehrt er immer wieder, transformiert er sich in Verzweiflung. Als ich an diesem Punkt angelangt war, war es für mich höchste Zeit, reinen Tisch zu machen. Sie ahnen gar nicht, welche Ängste dieser Schritt ausgelöst hat! Oder ahnen Sie es vielleicht doch, weil Sie sich gerade in einer ähnlichen Situation befinden? Möglicherweise stehen Sie an einem Punkt, an dem Sie Ihrem Arbeitgeber oder Ihren Auftraggebern/Kunden gegenüber Transparenz walten lassen und glasklar äußern müssen, was ab jetzt von Ihnen zu erwarten ist.

Wenn wir den Entschluss fassen, sowohl erfüllt als auch stressfrei und erfolgreich zu arbeiten, ist es unumgänglich, dass wir in unserem Beruf ausschließlich mit Menschen zu tun haben, die wir mögen, die wir gern haben, ja – denen wir liebevoll begegnen können. Darüber hinaus ist es wichtig, dass wir uns dabei auf Tätigkeiten konzentrieren, die uns gefallen, die uns liegen und die wir aus diesem Grund auch richtig gut können. Außerdem wollen wir geachtet werden und willkommen sein. Ganz schön viel verlangt, meinen Sie? Keine Sorge, es ist machbar.

> Seien Sie zunächst genau die Person, mit der Sie ab jetzt arbeiten wollen: hilfsbereit, freundlich, rücksichtsvoll, nachsichtig und großherzig.

Wenn sich Ihr persönliches Idealszenario zum Gesamtwohl aller realisieren soll, wird das leichter und zügiger geschehen, wenn Sie Ihre Handlungen mit liebevollem Bewusstsein anreichern und dadurch Ihre Anziehungskraft erhöhen.

Darüber hinaus ist es nicht verkehrt, sich strategisch glasklar aufzustellen. Es gelingt denjenigen, die sich zu Klarheit durchringen, die liebevoll Konsequenzen ziehen und die bereit sind, vertrauensvolle Kühnheit walten zu lassen. Sie werden weiter unten noch eine Anleitung von mir bekommen, wie Sie sich darüber klar werden, wie Ihr idealer karmischer Businesspartner (IKB) aussieht.

Fallbeispiel: Stefan, 42, Musikpromoter

„Nachdem ich im Workshop notiert hatte, mit welchen Personen es mir bis dato eine Freude war zu arbeiten, und mir klar wurde, warum das so war, veränderte sich eine Menge bei mir. Ich habe sämtliche Texte meiner Website und Werbemittel überarbeitet, Wörter ausgetauscht, Inhalte angepasst und Grafiken verändert. Mein gesamtes Marketing hat sich erneuert. Ich habe z. B. angefangen, Blogartikel zu schreiben und im Netz zu verbreiten, die eigens für die Menschen gedacht sind, mit denen ich mir eine Zusammenarbeit wünsche. Mein Bestreben dabei ist es, ihnen in diesen Artikeln erste Antworten auf ihre Fragen zu geben und ihnen so eine Idee von meiner Arbeit zu vermitteln, ohne dass sie mich vorher kontaktieren müssen. Ich habe mir einen Expertenstatus in einer Nische aufgebaut und muss mich nicht mehr über meinen Preis definieren. Es ist verblüffend, wie ich diese für mich idealen Personen zuvor von mir ferngehalten habe, ohne es zu merken. Jetzt sind zwar ein paar frühere Auftraggeber weggebrochen, was aber gar nicht schlimm ist. Denn jetzt kann ich mich auf ein stets angenehmes Miteinander freuen, ohne zu fürchten, etwas falsch zu machen oder missverstanden zu werden. Und dieser Personenkreis will auch wirklich mit mir arbeiten und ist bereit, mich gut für meine Leistung zu bezahlen. Das

hätte ich früher für puren Luxus gehalten. Doch mit Luxus hat das gar nichts zu tun, sondern mit Selbstachtung, Nächstenliebe und einer ethischen Marketingstrategie, die Freude hervorruft, anstatt mit Verkaufsargumenten zu trumpfen."

Checkliste

✓ Haben Sie nur eine ungefähre Zielgruppe definiert oder schon einen Idealkunden?

✓ Haben Sie bereits eine Strategie, wie der Idealkunde Sie finden kann, oder überlassen Sie das dem Zufall?

✓ Kann der Idealkunde sofort erkennen, dass Sie zueinander passen, oder müssen Sie diese Person erst noch davon überzeugen?

Sie müssen wissen, mit wem Sie arbeiten wollen.

Werden Sie sich Ihrer „karmischen Businesspartner" bewusst, für die Sie eine Bereicherung darstellen werden und umgekehrt genauso. Diese sind folgende Personengruppen – je nachdem, ob Sie selbstständig oder angestellt sind:

• Arbeitgeber

• Kunden/Auftraggeber

• Wettbewerber/Kollegen

• Dienstleister

• Rohstofflieferanten

• Quellen für Arbeitsmaterial

• unser Planet – die Erde

Fallbeispiel: Michaela, 39, Webdesignerin

„Ich kreiere Webauftritte für männliche Klientel mit einer Vorliebe für klare Linien. Früher war ich in dieser Hinsicht offener und habe Aufträge angenommen, wie sie gerade hereinkamen. Die einen wollten etwas Verspieltes, andere etwas, das sich bewegt, wieder jemand wollte einen Blog etc. Manche meiner Kollegen und Kolleginnen (Seit meinen Coachings sind sie nicht mehr meine Konkurrenten!) finden es super, wenn ihr Kunde exakt weiß, was er will, und ein haargenaues Briefing abgibt und am besten noch danebensitzt und Anweisungen erteilt. Ich aber möchte gerne freie Hand haben, wenn ich kreativ arbeite. Mich macht es verrückt, wenn da einer neben mir hockt und Wünsche äußert, wo jetzt das Logo hin soll etc. Interessanterweise fällt es Männern leichter, mich einfach machen zu lassen, und selten wird am Ende nachkorrigiert. Seit ich weiß, was ich für freudiges Arbeiten brauche – Gestaltungsfreiheit nämlich –, kann ich schon im Vorfeld ganz klar kommunizieren und abstecken, ob ich überhaupt die Richtige für den Auftrag bin. Wenn nicht, weiß ich, dass ein passenderes Angebot noch in der Pipeline steckt."

Auch wenn Sie beim Lesen eines solchen Beispiels denken, dass Sie sich nicht einfach aussuchen können, mit wem Sie arbeiten, bitte ich Sie, diese Wahlmöglichkeit zumindest in Erwägung zu ziehen. Es gibt strategische Methoden, die dazu führen, dass Sie mehr von den Menschen anziehen, die gut zu Ihnen passen. Mit jedem Kontakt, mit jeder Zusammenarbeit rufen wir sowohl in uns selbst als auch in unserem Gegenüber Saatgedanken und -gefühle hervor, mit denen wir unsere späteren Erlebnisse und Erfahrungen sowie die des anderen schöpferisch gestalten. Wählen Sie weise aus, mit wem Sie (weiterhin) arbeiten wollen und an welcher Stelle eine Veränderung fällig ist. Sorgen Sie für Profil und Transparenz und werden Sie sichtbar. Strahlen Sie Klarheit, Bereitwilligkeit und Selbstbewusstsein aus, wenn Sie durch die Flure Ihrer Firma gehen und im Meeting etwas vorbringen, bzw. machen Sie Ihre potenziellen Kunden auf sich aufmerksam, wenn Sie diesen etwas Gutes, Hilfreiches anzubieten haben. Dazu müssen Sie wissen, wer Ihre Kunden sind, was sie wollen (nicht, was sie brauchen) und wie sie sich über Hilfreiches informieren (TV-Talks, Magazin-Sendungen, Social Media, Flyer, Bücher etc.)

- Akzeptieren Sie, dass Sie zuallererst eine klitzekleine Veränderung in Ihrem Inneren vornehmen müssen. Einfach nur akzeptieren, dass es so ist. Worum es sich bei der Veränderung dann konkret handelt, werden Sie intuitiv erkennen.

- Kurz danach rufen Sie eigenverantwortlich und eigenmächtig eine Veränderung im Außen hervor, und zwar wohlwollend zugunsten aller Beteiligten. Die Veränderung drückt sich darin aus, dass Sie Ihren Look, Ihre Texte, Ihre Grafiken, Ihr Wording, Ihre Preise, Ihre Location oder Ihr Ambiente verändern. Handlungen im Außen bestätigen unserem Unterbewusstsein, dass wir es ernst meinen.

- Erklären Sie sich innerlich damit einverstanden, dass einige der nächsten Schritte Ihre Komfortzone mächtig strapazieren werden. Ihre Gedanken werden Sie davon abhalten wollen.

- Gehen Sie genau dort hin, wo Ihre Angst ist. Dann wachsen Sie über sich hinaus. Tun Sie das Riskante. Dann entsteht daraus eine wahre Pracht an Freude!

Im Zeitalter der Vernetzung (Google, YouTube, Facebook etc.) ist es selbst für introvertierte Menschen kein Hexenwerk mehr, sich zu präsentieren, mit Interessenten zu interagieren, gute Produkte offen anzubieten, den eigenen Bekanntheitsgrad über die lokalen Grenzen hinaus zu steigern und so von idealen karmischen Geschäftspartnern gefunden zu werden. Präsenz bei Kongressen, Messen, Branchennetzwerktreffen ist heute nicht mehr ausreichend.

Checkliste

✓ **Website** (Ihre Visitenkarte und Ihr Anker im Netz)
✓ **Veröffentlichungen** (Buch/Blog/Podcast …)
✓ **Facebook-Businessseite** (für Posts, die Ihnen ein Profil geben und gleichzeitig mit Ihrer Arbeit zu tun haben)
✓ **Facebook-Gruppe** (um eine Community aus Interessenten aufzubauen)
✓ **YouTube-Kanal** (gehört zu Google und ist für ein gutes Ranking bei Google unverzichtbar)
✓ **LinkedIn und Xing** (zum Netzwerken)
✓ **Instagram** (gehört zu Facebook – bietet kreative Möglichkeiten einer sehr persönlichen Präsentation des Geschäfts, der eigenen Vorlieben, der eigenen Persönlichkeit)

Mindestens drei aus dieser Liste sollten Sie pflegen.

Klarheit und Transparenz drücken sich durch einen klaren Geist aus und spiegeln sich im (Online-)Auftritt wider. Unterschätzen Sie das nicht.

Das Prinzip „Mitgefühl"

Mitgefühl verwirklicht das, was wir uns wirklich wünschen.

Um mitfühlen zu können, muss unser Herz geöffnet sein. Solange wir eine Auswahl treffen, wem gegenüber wir mitfühlend sind und welche Art von Lebewesen wir verschonen, ist nicht etwa das Herz offen, sondern der Intellekt. Dieser ist ein großartiger Assistent, wenn es um das Finden von Lösungen und Schlussfolgerungen geht, doch wird er niemals die Kraft der Herzenswärme übertreffen können. Ein erwachsener Mensch, der etwas aus spontanem Mitgefühl tut, wirkt auf andere immer faszinierender als ein Erwachsener, der denken kann.

Angesichts von Niedlichkeit, Gleichgesinntheit oder Versehrtheit ist es keine Kunst, Mitgefühl zu zeigen. Spannend wird es, wenn es um jemanden geht, der nicht niedlich ist, oder um jemanden, der uns unsympathisch erscheint. Wie mitfühlend können Sie sein und welches Maß an Einfühlungsvermögen können Sie bei sich abrufen, wenn jemand vermeintlich stärker ist als Sie? Was ist mit denen, die ambitioniert an Ihnen vorbeiziehen? Was ist mit all den „ungehobelten Klötzen", den „Idioten"? Können Sie auch hier Mitgefühl zeigen? Oder sind Sie beim Lesen dieser Zeilen schon dabei, Ihr Herz zu verschließen und nur nach Ihrem persönlichen Geschmack auszuwählen? Vielleicht schließen Sie sich ja auch einfach nur der „normal" denkenden Mehrheit an?

Natürlich haben wir alle unsere Vorlieben, was bestimmte Charaktere angeht. Und selbstverständlich müssen wir niemandem um den Hals fallen, der unsere Gefühle verletzt.

Doch warten Sie einen Moment und halten Sie hier inne.
Ihre Gefühle wurden verletzt? Erinnern Sie sich an das, was
ich eingangs über Ursache und Wirkung, Karma und Ge-
fühlserlebnisse gesagt habe: Dieses Gefühl der Verletztheit
(Demütigung, Kränkung, Herabwürdigung) ist eine Frucht,
die Sie haben ernten müssen. Bitte verstehen Sie das nicht
falsch – es ist keine Strafe und es hat nichts mit einem
schnippischen „Tja, selbst schuld!" zu tun. Ihr Gefühl der
Verletztheit ist „Emotions-Obst", das da an einem energetischen Baum hängt, der von Ihnen unbewusst und nicht
willentlich gepflanzt wurde. Sie haben demzufolge irgendwann einmal etwas gedacht, gesagt oder getan, was diese
Situation überhaupt erst ermöglicht hat. Möglicherweise
richtete sich das Gedachte, Gesagte oder Ihre Handlung
sogar gegen Sie selbst. Möglicherweise haben Sie sich selbst
herabgewürdigt, nicht auf sich achtgegeben und waren
nicht lieb zu sich selbst. Lieben Sie Ihren Nächsten wie sich
selbst. Das ist die Kernessenz des Mitgefühls.

> Das Gefühl, das wir in einer anderen Person auslösen,
> lösen wir nur aus – wir verursachen es nicht. **!**

Das Phänomen der Herzenswärme im Businesskontext hat
eine ganz besondere Magie. Es ermöglicht das Erleben von
Wundern. Herzenswärme in sperrigen, widrigen Momenten
ruft auf feinstofflicher, energetischer Ebene Erlebnisse hervor, die sich nicht erklären und nicht berechnen lassen. Sie
erscheinen uns wie „verrückte Zufälle".

Nicht immer können wir unseren Mitarbeitern, Mitmenschen
oder Geschäftspartnern ein unerfreuliches Erlebnis mit uns

ersparen. Manchmal steht eine Kündigung an, manchmal ist es an der Zeit, dass sich die Wege trennen. Entscheidend dabei ist, dass Sie Ihre innere Haltung steuern und wohlwollend bleiben. Sobald Sie innerlich schadenfroh, rachelustig, herablassend oder gleichgültig sind, legen Sie lieblose Saaten für spätere Erlebnisemotionen. Wann immer Sie jemandem etwas Unangenehmes mitteilen müssen, können Sie dies auf eine mitfühlende und warmherzige Weise tun. Die Nachricht bleibt dieselbe, doch die Energie, mit der Sie sie sagen, ist nicht „kalt".

Fallbeispiel: Jennifer, 35, TV-Redakteurin

„Ich hatte eine Kollegin, Andrea, die mir das Leben im Büro reichlich schwer gemacht hat. Sie verschwieg mir wichtige Informationen, korrigierte mich vor versammelter Mannschaft, mischte sich in meine Projekte ein usw. Eines Tages stand eine Umstrukturierung an. Andreas Stelle wurde gekürzt und sie wurde entlassen. Ich spürte Erleichterung und Genugtuung. Über Umwege erfuhr ich, welche Dramen sich in Ihrem Privatleben abspielten und mit welchen Schicksalsschlägen sie zu tun hatte. Ich kam nicht umhin, mich für meine Schadenfreude zu schämen. Mir wurde klar, dass ich keine Ahnung hatte, wie es ist, sie zu sein, und wie es ist, nicht anders handeln zu können, als sie es tat. Das ist jetzt schon drei Jahre her. Vor zwei Monaten entdeckte ich ihr Profil auf LinkedIn. Ich zögerte kurz, schickte ihr dann aber eine Kontaktanfrage und eine Nachricht. Sie bestätigte meine Anfrage kommentarlos. „Typisch", dachte ich und musste schmunzeln. Kürzlich bekam ich per Mail eine Auftragsanfrage von einer TV-Produktionsfirma. Meine ehemalige Kollegin Andrea hatte mich empfohlen."

Bedenken Sie, dass das, was Sie in den Kreislauf hineingeben, nicht unbedingt wie in diesem Beispiel von gleicher
Stelle zu Ihnen zurückkommt. Es geht nicht um ein Wie-du-
mir-so-ist-dir, sondern um einen Zyklus. Das bedeutet, dass
Ihr Wohlwollen nicht zwangsläufig von Ihrem Gegenüber
auch als solches empfunden wird. Doch Ihre wohlwollende
Intention wird in Ihrem Leben für Erlebnisse sorgen, die Sie
als angenehm empfinden.

Was Ihr Gegenüber angeht, so kann diese Person das Erlebnis mit Ihnen und Ihre Nachricht nur in der Qualität wahrnehmen, mit der sie ihre eigenen Gedanken, Worte und
Taten zuvor versehen hat. Hat die Person nämlich keine Saat
für freudiges Empfangen gelegt, kann sie Ihre liebevollen Be-
mühungen durchaus fehlinterpretieren, und eine positive Reaktion oder gar Dank bleiben aus. Doch lassen Sie sich nicht
verunsichern. Das, was Sie in eine Situation hineingeben,
kommt immer von anderer, unerwarteter Stelle zu Ihnen
zurück. Das Phänomen der gedanklichen und absichtsvollen
Samen ist der Grund, weshalb es überhaupt möglich ist,
dass manche Menschen selbst in größter Not dazu fähig
sind, Freude und Zuversicht zu verbreiten, während andere
dies nicht können. Nicht weil Letztere das nicht wollen oder
sich hängen lassen, sondern weil sie eben nicht können. Sie
haben die entsprechende feinstoffliche Saat nicht gesät.

Wenn Sie etwas erreichen wollen, was Sie sich tief in Ih-
rem Herzen wünschen, so praktizieren Sie Mitgefühl und
Güte gegenüber allen Lebewesen, um die Erfüllung Ihres
Wunsches zu beschleunigen. Schützen und verschonen Sie,
anstatt zu nutzen, zu missachten und töten zu lassen. Helfen
Sie darüber hinaus freudvoll jemand anderem, sich seinen
Wunsch zu erfüllen bzw. sein Ziel zu erreichen. Die Menge

an Freude und Liebe, die Sie in Ihre wohlwollenden, mitfühlenden Aktionen einfließen lassen, kehrt zu Ihnen zurück und wirkt manifestierend.

Checkliste

✓ Waren Sie heute schon freundlich und liebevoll zu sich selbst?
✓ Haben Sie sich heute den unnötigen, urteilenden, verletzenden Satz verkniffen?
✓ Gibt es jemanden, der ausgerechnet mit Ihrem Mitgefühl am allerwenigsten rechnen würde?

Seien Sie nicht selektiv, sondern öffnen Sie Ihr Herz.

Das Prinzip „Freigebigkeit"

Eine freigiebige innere Haltung unterstützt finanziellen Reichtum und ein gut laufendes Geschäft.

Wie kann es in Anbetracht dieses Prinzips sein, dass jemand überaus freigiebig ist und dennoch unter Geldmangel leidet, möchten Sie sicherlich wissen. Auch ich kenne eine Reihe wundervoller Menschen, die jederzeit ein paar Münzen für einen Obdachlosen übrig haben, die regelmäßig Kleidung spenden und ohne zu zögern die Restaurantrechnung übernehmen. Dennoch hadern sie mit dem Thema Geld. Eine freigiebige Haltung wirkt unterstützend, wohingegen eine kleinliche Haltung Geld fernhält. Es ist nicht so, dass Freigebigkeit der Schlüssel zur Goldtruhe ist, doch in Kombination mit den anderen Prinzipien und den drei karmischen Regeln, die ich Ihnen im nächsten Kapitel vorstelle, ist sie ein wahrer Beschleuniger. Freigebigkeit ist kein Zauber – nur ohne funktioniert es eben auch nicht. Und eine freigiebige innere Haltung ist das beste Mittel, um sämtliche Türen für inneres Wohlergehen und äußeren Wohlstand zu öffnen.

Das Prinzip der Freigebigkeit ist ein sehr feines. Die Kraft liegt nicht in der großen Spende oder dem üppigen Dinner für Geschäftsfreunde, sondern in der Feinheit. Wie sieht es z.B. mit Ihrer Freigebigkeit auf Flohmärkten aus? Feilschen Sie, weil es dort so üblich ist? Haben Sie schon einmal etwas dort gekauft und den genannten Preis auf den nächsten Zehner aufgerundet? Machen Sie das mal! Es ist ein großer Spaß für alle Beteiligten.

Wie freigiebig sind Sie mit Ihrem Fachwissen? Ist Ihr Wissen Ihre „Macht" oder stellen Sie es kostenlos online zur Verfügung (Tutorials, Inspirationsvideos, Communitys etc.)? Gibt es bei Ihnen einen Tag der offenen Tür samt Bewirtung? Wie freigiebig sind Sie in der Präsentation Ihrer Persönlichkeit? Darf man sich als potenzieller Kunde im Vorfeld über Sie erkundigen und Ihnen virtuell über die Schulter schauen, bevor man mit Ihnen in Kontakt tritt?

Dieses vierte Prinzip setzt eine Energie des Habens und des gefühlten Überflusses frei. Woran auch immer wir uns klammern, wird unsere Fessel. Wollen Sie die Möglichkeit des finanziellen, geschäftlichen und materiellen Gedeihens manifestieren, dann achten Sie auf einen freigiebigen Geist und handeln Sie entsprechend. Mit verängstigter Sparfuchsigkeit und klammerndem Geiz erschaffen Sie sich Situationen von finanziellem Druck und erzeugen das Fernbleiben von Wahlmöglichkeiten.

Wie schon beim Prinzip „Mitgefühl" ist auch die Freigebigkeit leicht zu leben, wenn genug da ist. Erleben wir etwas als Mangel, möchten wir uns gerne aus dem Geben-Modus verabschieden. Doch es geht um das, was wir in uns tragen. Es geht um die Geste. Um das bereitwillige Überlassen des letzten Stückchen Kuchens, den Kaffee für den Handwerker und darum, einen unangemeldeten Gast an den gedeckten Tisch einzuladen.

Selbst wenn Sie einmal knapp bei Kasse sind, sollten Sie vertrauensvoll und zuversichtlich bleiben, Ihre Rechnungen bereitwillig und dankend bezahlen, sobald Sie können, und wenn Sie auch nur einen Euro in der Tasche haben, diesen bereitwillig spenden wollen. Auch wenn Sie das Gefühl beschleicht, gerade selbst nichts zu besitzen, werden Sie mit einer freigiebigen Haltung niemals der Verlierer sein.

Nur übertreiben Sie nicht. Geben Sie sich nicht finanziell lässiger, als es Ihre Situation erlaubt. Schaden Sie sich niemals selbst, nur um andere zu beeindrucken, um ein Image zu pflegen, oder aus einer Verlegenheit oder Verpflichtung heraus. Freigebigkeit ist nur dann ein Katapult, wenn sie aus dem Herzen kommt.

Um auf erfüllende, ethische Weise wirtschaftlich erfreuliche Resultate zu erzielen, werden Sie um eine warmherzige, freigiebige Geisteshaltung nicht herumkommen. Wann immer Sie einen Dienstleister in seinem Preis drücken oder diesem aus vermeintlich wirtschaftlicher Cleverness einen günstigeren Preis entlocken wollen, legen Sie energetische Saaten, die dazu führen, dass auch Ihre Preise infrage gestellt werden, Ihnen wirtschaftliches Wachstum verwehrt oder finanzielle Unterstützung versagt bleibt, wenn Sie diese gerne hätten.

Hören Sie auch auf, an sich selbst zu geizen. Wählen Sie als Dienstleister einen karmisch passenden Partner aus, dessen Werte und Herangehensweise Sie schätzen, und respektieren Sie seine Preise so, wie diese Person sie vorgibt. Mit dieser Haltung werden Sie ein feines Gespür dafür entwickeln, was Sie brauchen und was Sie wollen.

> Freigebigkeit bezieht sich nicht nur auf Geld, doch sollte sie beim Geld nicht haltmachen. **!**

Fallbeispiel: Ingeborg, 54, Heilpraktikerin

„Meine Praxis lief nicht besonders gut und ich hatte Sorge, sie aufgeben zu müssen. In einem Laden für Wohnaccessoires in unserer Straße sah ich Dinge, mit denen ich das Ambiente meiner Praxis gerne hätte aufpeppen wollen, aber es kostete alles Geld und ich konnte es dafür nicht ausgeben. Als es im Coaching um den Punkt der Freigebigkeit ging, überlegte ich, was ich zu geben hatte. Geld war es ja schonmal nicht. Allerdings hatte ich Zeit, denn ich war weit entfernt davon, ausgebucht zu sein. Wir entwickelten ein Konzept für kostenlose Infonachmittage mit Tee und Gebäck, bei denen ich mein Wissen über Homöopathie weitergeben konnte. Ich begann, regelmäßig Newsletter zu versenden, in denen ich ohne den Anspruch, verkaufen zu wollen, weitere Einblicke in mein Wissen gewährte. Ich teilte einfach ein paar Anekdoten, Highlights, Verblüffendes und Kurioses aus der Welt des Heilens, um das Ganze möglichst unterhaltsam zu gestalten. Es machte mir richtig Spaß, mit

Interessierten auf diese Weise im Kontakt zu bleiben. Nach ca. sechs Monaten sprachen mich die Ersten an, die einen Termin mit mir buchen wollten. Sie hatten eine Weile meine kleinen Texte gelesen und fanden sie sehr ansprechend. Zehn Prozent dieser neuen Einnahmen spendete ich an unser Tierheim. Es stellte sich über Umwege heraus, dass eine der Damen dort die Tochter der Ladenbesitzerin mit den schönen Dingen war, die es mir so angetan hatten. Diese wiederum bot mir Leihgaben aus ihrem Bestand an, mit denen ich vorerst meine Praxis verschönern konnte und die ich entweder gegen ein Austauschstück zurückgab oder später bezahlte. Für diesen „Kredit" bekam ihre Tochter kostenlose Behandlungen von mir, von denen sie so begeistert war, dass sie mich seither in ihrem Bekanntenkreis empfiehlt. Sie kommt regelmäßig und ihre Mutter inzwischen auch! Nächstes Jahr ziehe ich in größere Räumlichkeiten um."

Mit Freigebigkeit in Sachen Know-how erreichen Sie dreierlei: Sie legen erstens eine positive Saat für materiellen Reichtum, positionieren sich außerdem als Experte, und Sie verschaffen sich mit Ihrer offenen und transparenten Art ein unverkennbares Profil. Sie nehmen Ihr wirtschaftliches Glück und Vorwärtskommen selbstverantwortlich und tatkräftig in die freigiebige Hand und umschiffen dadurch ein ganz bestimmtes Gefühl, das oft zu beobachten ist: Neid, Konkurrenzdenken und Missgunst.

Egal wie prekär Ihre Lage auch sein mag: Neiden Sie niemals jemand anderem seinen Erfolg, sondern freuen Sie sich mit. Unterstützen Sie diese Person! Fühlen Sie die Freude, die diese Person fühlt. Neid entsteht aus dem Glauben, etwas nicht haben oder erleben zu können. Diese tiefe Negativ-Überzeugung führt leider immer zu Stagnation und weiterem Mangel, wenn nicht einer neuen Sichtweise Raum gegeben wird. Was immer jemand erreichen kann, können auch Sie erreichen, wenn Sie bestimmte Entscheidungen treffen. Freuen Sie sich, dass Sie einen lebenden Beweis vor sich haben, dass es möglich ist, und finden Sie heraus, was zu tun ist, um von A nach B zu gelangen. Sprechen Sie mit Experten. Reden Sie mit Menschen, die schon da sind, wo Sie hinwollen. Neid und Konkurrenzdenken blockieren den eigenen Erfolg, wenn diese nicht in Motivation umgewandelt werden.

Sobald wir uns selbst befähigen, etwas fortzugeben, was wir besitzen, wissen oder kennen, erleben wir Freiheit. Dieses machtvolle Gefühl kreiert auf feinstofflicher Basis sein physisches Pendant, das sich in den meisten Fällen in Geld, Geschenken, Sonderkonditionen oder anderen Vergünstigungen ausdrückt.

Checkliste

✓ Machen Sie die Flohmarkt-Aufrundung.
✓ Lassen Sie sich bereitwillig von Kunden über die Schulter schauen bzw. geben Sie Fachwissen weiter (Infoabende, Tutorials, Webinare, Podcasts, …)
✓ Beobachten Sie Ihren Neid, heißen Sie ihn als kleines Zeichen der Erreichbarkeit willkommen und freuen Sie sich mit der anderen Person.

Klammern Sie sich nicht an Ideen, Dinge oder Wissen.

Das Prinzip „Leerheit"

Die Leerheit der Dinge birgt das wahre Potenzial.

Dieses buddhistische Prinzip hat nichts damit zu tun, dass etwas nicht vorhanden wäre. „Leerheit" bedeutet, dass etwas aus sich selbst heraus nicht so ist, wie es scheint. Wenn ich sage: „Wasser, Hitze und Pflanzenteile", dann haben Sie ein anderes Bild mit einer anderen Qualität vor Augen, als wenn ich diese Begriffe mit dem Wort „Tee" zusammenfasse.

Psychologen finden, dass der Mensch Schubladen braucht, um Situationen und Personen einordnen zu können und beim Vorgang des effizienten Einschätzens nicht ständig bei Adam und Eva anfangen zu müssen. Und wer kennt das nicht: Jemand kommt in den Raum und die Laune sinkt. Eine Nachricht flattert herein und wir müssen erst einmal kräftig schlucken.

Beim Prinzip „Leerheit" geht es jetzt nicht darum, die Errungenschaften unserer Evolution samt ihrer Geschenke der Einschätzungs- und Reflexionsfähigkeit ad absurdum zu führen oder zu ignorieren. Es geht darum zu verstehen, dass Überheblichkeit, vorschnelles Urteil und die vollends negative Einschätzung einer Situation den größtmöglichen Erfolg behindern.

Wenn wir uns weigern, eine reelle Wachstumschance in jeder sich uns bietenden Situation zu erkennen, verwehren wir uns damit ein Stück vom Glück. Es ist wie mit dem Yin-Yang-Symbol: Stellen Sie sich vor, Sie stehen im schwarzen Pünktchen und fühlen sich in irgendeiner Form benachteiligt. In diesem Fall befindet sich sehr viel Weiß um Sie herum, das Sie betreten können, wenn Sie denn bereit sind, den schwarzen Punkt zu verlassen. Stehen Sie wiederum mitten im nicht enden wollenden Schwarz, so steht es Ihnen frei, nach dem kleinen weißen Punkt Ausschau zu halten, auf den Sie sich stellen können und der Sie erheitert.

Nichts ist von sich aus so, wie es scheint. Alles ist so, wie wir es wahrzunehmen gelernt haben und wie wir es bewerten. Ein Hut ist für uns nur deshalb ein Hut, weil uns dieses Wort als Kind beigebracht wurde – mit dem entsprechenden Bild und der entsprechenden Handhabe. Eine Katze sieht in einem Hut eher etwas, in das man sich hineinlegt und schläft. Und bei einem Volk, bei dem es keine Hüte gibt, wird ein solches Objekt vielleicht als Brotkorb oder als anderweitig praktische Vorrichtung genutzt. Jemand, der schlechte Erfahrungen mit Hutträgern gemacht hat, wird diesem Accessoire eher weniger abgewinnen können als jemand, dem ein Hut einfach hervorragend steht.

So ist für Person A die Trennung vom Geschäftspartner wie eine Befreiung und für Person B eine Katastrophe. Für Person A wirkt die Kündigung wie ein Katapult während Kollege B in ein tiefes Loch fällt.

Ein und dieselbe Sachlage wird von Person zu Person unterschiedlich wahrgenommen und löst Gefühle aus, die nichts weiter sind als karmische Früchte. Wie wir Erlebnisse wahrnehmen, hängt davon ab, was wir zuvor gedacht, gesagt und getan haben, wie weit wir unser Herz geöffnet haben und wie bereitwillig wir die Aufgaben unseres Lebens annehmen.

Die Prinzipien der Freude, der Klarheit, des Mitgefühls und der Freigebigkeit sind karmische Beschleuniger und Förderer von glücklichen Situationen. Dieselben glücklichen Situationen würden von einer freudlosen, konfusen, kaltherzigen und zögerlichen Person anders empfunden werden. Sollten Sie sich in einer Lebenslage wiederfinden, die Ihnen widrig erscheint, so können Sie davon ausgehen, dass jemand anders exakt dieselbe Situation mit anderen Augen sähe, sofern dieser Jemand im Vorfeld kraftvolleres Saatgut verwendet hätte als Sie. Sie befinden sich in Schwierigkeiten und haben Probleme? Das heißt nicht, dass Sie kaltherzig oder arrogant sind – doch vielleicht waren Sie es in einem Ihrer Vorleben? Jetzt haben Sie die Chance, bewusst und aktiv umzulenken.

Auch geschieht nichts ohne Grund und nichts ist sinnlos. Eine Person, die es in Ihren Augen nicht verdient hat, erfüllt und erfolgreich zu sein, hat sich dies im karmischen Sinne aber vielleicht sehr wohl verdient. Sie können nicht wissen, wie mitfühlend diese Person handelt, wenn niemand zusieht, oder wie großzügig sie sich vor zwei Jahren an diesem einen Dienstag im Juni gegeben hat. Dabei kommt es auch nicht auf Zahlen an, sondern auf den einen inneren Impuls. Das, was die Hand ausführt, das was gegeben oder überwiesen wird, ist nur ein wertfreier Ausdruck dessen, was im Inneren abläuft.

Vielleicht liegen Sie mit Ihrer Annahme aber auch ganz richtig, dass diese Person all ihr Glück nicht verdient, weil sie nicht ethisch, unmoralisch, rücksichtslos und gemein handelt. In diesem Falle ist davon auszugehen, dass dieser Mensch sehr weit entfernt ist von Erfüllung, Gesundheit und Glückseligkeit und dass „all sein Glück" nichts weiter ist als eine Illusion.

Beruhigt es Sie, dies zu wissen? Freut Sie das? Empfinden Sie Genugtuung? Aber, aber! Wo bleibt denn Ihr Mitgefühl? Wollen Sie wirklich diesen Samen jetzt und hier beim Lesen legen? Was ist, wenn Ihre Saat nicht in diesem Leben, sondern erst im nächsten zur Entfaltung kommt, und zwar dann, wenn Sie es am wenigsten ertragen können? Karma hat seine eigenen Abläufe und Reihenfolgen. Das, was Sie beeinflussen können, ist das, was Sie qualitativ in Ihren Lebenskreislauf hineingeben. Leben Sie nicht vorsichtig, sondern achtsam.

Checkliste

✓ Verstehen Sie, dass alles, was Ihnen in einer Form erscheint, von verschiedenen Substanzen zusammengehalten wird, die in anderer Zusammensetzung etwas anderes ergeben würden.
✓ Verstehen Sie, dass Ihre Situation, Ihre Wünsche, Ihre Träume nur für Sie eine Bedeutung haben, an sich jedoch leer sind und damit ein positives Potenzial besitzen.
✓ Beobachten Sie sich, wann Sie urteilen, ablehnen, bejubeln. Alles ist leer.

Dieses Prinzip öffnet verschiedenen Möglichkeiten Tür und Tor.

Auf den Punkt gebracht

Der Karma-Business-Stil basiert auf den fünf Prinzipien Freude, Klarheit, Mitgefühl, Freigebigkeit und Leerheit. Nach diesen Prinzipien im Berufsleben zu handeln, bringt Glück, Erfüllung und Erfolg.

Die drei weisen Regeln des Karma Business

Regel Nr. 1: Geld erwirtschaften

Ein Geschäft möge dazu dienen, mit Freuden Geld zu erwirtschaften.

Ich sehe förmlich Ihr verblüfftes Gesicht, so banal und zynisch zugleich erscheint diese Regel Nr. 1. Sind doch gerade wirtschaftlicher Wachstumstrieb und die Gier nach Profit exakt das, was unseren Planeten Kopf und Kragen kosten kann. Hallo, Karma, ist jemand zu Hause?

Profit, der auf Kosten anderer erwirtschaftet wird, für den die Firmenmitarbeiter in Stresssituationen oder Gewissenskonflikte gebracht werden und zu dessen Gunsten fahrlässig mit der Umwelt und der Gesundheit des Konsumenten umgegangen wird, ist aus der Sicht des Karma Business natürlich alles andere als attraktiv, denn er bringt den Entscheidern weder Tiefgang noch Erfüllung. Was also soll an dieser ersten Regel so weise sein?

Es liegt auf der Hand. Ein Geschäft ist nur dann ein Geschäft, wenn es Geld einbringt. Tut es das nicht, ist es eben kein Geschäft, sondern ein Non-Profit-Modell. Sind die Einnahmen lediglich ein erfreulicher Nebeneffekt des Tuns, handelt es sich um ein lukratives Hobby. Wer ein lukratives Hobby betreibt, dieses aber „Geschäft" oder „Beruf" nennt, spricht nicht die Wahrheit. Wer ein Geschäft auf seriöse Weise betreibt, möge dies auch so benennen und braucht sich nicht dafür zu genieren, sein Tun in Geld verwandeln zu wollen. Ein Geschäft, das keines sein darf, ist absurd. Erzählen Sie einem blonden Mädchen, es solle bitte aufhören, blond zu sein. Unfug!

Es ist weise, beim Offensichtlichen und bei der Wahrheit zu bleiben. Außerdem ist es weise, für sich selbst und für andere sorgen zu wollen – auch finanziell. Und weise ist es außerdem, achtsam mit der Dreieinigkeit „Körper – Geist – Seele" umzugehen und einen Teil des erwirtschafteten Geldes in das eigene Humankapital zu investieren: in Gesundheit, Fortbildung, Interessen, Talente.

Ich erlebe es in meinem Beruf häufig, dass Menschen ein regelrechtes „Geldverdienverbot" in sich tragen. Sie bezwecken mit diesem Verbot zwar kein Leben am Existenzminimum oder ausgereiztem Dispo, doch wollen sie sich unbewusst oder auch absichtlich vom „Establishment" distanzieren und sich keinesfalls „bereichern". Interessant, welche Begriffe mit Geld in Verbindung gebracht werden, oder?

Wer ein Business betreibt und das Geldverdienen nicht an erste Stelle stellt, hat mit Geldthemen zu kämpfen und somit auch ein ungesundes Geschäft.

Ich frage meine Klient/innen und Workshopteilnehmer/innen, die in der Regel selbstständig sind, gerne, warum sie beruflich machen, was sie machen. Die Antworten sind:

- „Weil ich mich selbst verwirklichen will."

- „Weil ich auf diese Weise kreativ arbeiten kann."

- „Weil ich raus wollte aus dem Hamsterrad."

- „Weil ich anderen helfen/dienen will."

- „Weil ich meine Rechnungen bezahlen muss."

Wenige sagen: „Weil es mir großen Spaß macht, mit dem, was ich gerne tue, Geld einzunehmen!" oder: „Weil ich es liebe, Rechnungen zu schreiben." Und warum sagen das die Wenigsten? Aus drei Gründen: Entweder stehen sie dem Thema Geld per se misstrauisch gegenüber oder sie haben Angst, dass ihnen aufgrund ihres Interesses an Geld ein Mangel an Tiefgründigkeit, Nächstenliebe und Umsichtigkeit nachgesagt wird. Und der dritte Grund fußt auf dem Mythos, dass es unsittlich sei, für etwas, das Spaß macht, Geld zu verlangen, denn: „Erst die Arbeit, dann das Vergnügen." Arbeit und Spaß sollten demnach säuberlich voneinander getrennt sein. Das ist natürlich schwierig, denn Bestleistungen erreichen wir nicht nur mit Talent und Einsatz, sondern mit Talent, Einsatz und dem, was uns enorm viel Spaß macht.

Beobachten Sie mal, ob Ihnen das Annehmen von Geld Freude bereitet, ob das für Sie eine Selbstverständlichkeit ist oder ob dieser Vorgang einen inneren Widerstand in Ihnen auslöst. Letzteres merken Sie daran, dass man Sie mühelos im Preis drücken kann, dass Sie selbst nur sehr wenig in sich selbst investieren, dass Sie auf sehr niedrigem Preisniveau arbeiten und dass Sie sich keine höhere Einkommensstufe zutrauen.

Übung: Die Null

Fügen Sie spaßeshalber einem Ihrer Preise hinten eine Null an. Beispiel: Sie nehmen als Personal Trainer 110 Euro pro Stunde. Wie fühlen sich 1.100 Euro pro Stunde an? Unverschämt? Es gibt Trainer, die nehmen so viel. Ist Ihr Produkt oder Ihre Leistung das nicht wert? Fühlen Sie sich nicht berühmt genug? Oder wirkt das nur deshalb auf Sie so kantig, weil diese Null am Ende in Ihrem Markt so unüblich ist? Machen Sie sich den Spaß und spielen Sie ein wenig mit dieser Inspiration. Beobachten Sie sich. Wie lange schaffen Sie es, sich mit dieser Fantasie aufzuhalten, ohne sofort abzuwinken und „geht nicht" zu denken?

Wenn sowohl Wissenschaftler als auch spirituelle Lehrer davon ausgehen, dass alles in diesem Universum eins und energetisch miteinander verbunden ist, dann können wir Geld nicht einfach nonchalant herauslösen, es ignorieren und für unwichtig oder irrelevant erklären. Geld kann uns als Mittel dienen, um herrliche Dinge zu tun, und Geld bringt das nach außen, was wir in uns tragen. Wo setzen Sie selbst Ihr eigenes Limit? Bei welcher Zahl begrenzen Sie sich? Geld ist das Vergrößerungsglas für unseren Charakter. Wer ein großes Herz hat und zu Geld kommt, wird immer etwas Gutes für sich selbst und für andere damit anzufangen wissen. Wer das nicht weiß, weiß das auch dann nicht, wenn er wenig Geld hat. Weiter unten finden Sie noch eine kleine Übung mit dem Titel „Der Berg des Geldes".

Haben Sie schon einmal Geld gespendet oder jemanden spontan zum Essen eingeladen? Hat Sie dieser Moment beflügelt? Hatten Sie in dem Augenblick das Gefühl, bester Dinge zu sein? In Momenten wie diesen hinterlassen wir freudvolle, hochschwingende Energie, die in dieser Qualität bestehen bleibt. Deshalb ist es wichtig, im Geschäftsleben das Einnehmen von Geld zu priorisieren. Alles andere sorgt dafür, dass es Ihnen nicht gut geht und dass Sie sich nicht lange am Markt halten können. Wem sollte das wohl nützen?

Folgen wir dieser ersten karmischen Regel, dann beabsichtigen wir, unser Tun in Geld zu verwandeln, und wollen dies durch freudiges Tun erreichen.

Sorgen Sie dafür, dass das, was Ihnen größtes Vergnügen bereitet, zu einer sprudelnden Einkommensquelle für Sie wird, oder integrieren Sie Ihre Quelle der Freude in Ihren Berufsalltag. Begeben Sie sich auf unorthodoxe Wege und erklären Sie sich damit einverstanden, für abenteuerlichen Aufruhr im Innen und Außen zu sorgen. Denn dazu wird eine solche Umgestaltung der Prioritäten führen.

Allein die wohlige Absicht, das erwirtschaftete Geld in gute Dinge zu investieren, ermöglicht höhere Einnahmen. Ohne diese Intention bleiben Sie dort stehen, wo Sie jetzt sind. Und das muss ja nicht sein. Dieses Einnahmen-Plus zwingt Sie wiederum in die Entscheidung, wie Sie mit dem Geld ethisch und liebend verfahren wollen. Diese Wahlverantwortung gilt es ernst zu nehmen, ihr weise zu begegnen und die daraus entstehende Erfüllung zu genießen.

Checkliste

✓ Spielen Sie mit der zusätzlichen Null.
✓ Richten Sie Ihren Fokus auf das Erwirtschaften des Geldes.
✓ Lösen Sie Ihre Blockaden, wenn Sie in Bezug auf das Thema Geld Widerstände oder Scham spüren.

Geld ist wie auch Sie ein Teil des Ganzen. Es ist leer und Sie können es befüllen.

Regel Nr. 2: Freude am Geld

Das erwirtschaftete Geld möge dazu dienen, Freude zu bereiten.

Wir alle sind imstande, Freude sehr gut auch ohne die Anwesenheit von Geld zu empfinden, z. B. wenn Sonnenstrahlen durchs Blätterdach blitzen oder wir bei Herbststürmen mit einer Tasse Kaffee gemütlich auf dem Sofa hocken. Ich persönlich empfinde in solchen Momenten nicht nur Freude – mir geht regelrecht das Herz auf. Stellen Sie mich in die Natur und ich könnte jauchzen vor Glück.

Es geht bei der Freude-Regel nicht um die Frage, ob wir in der Lage sind, auch bei den kleinen Dingen des Lebens Freude zu verspüren, sondern ob wir mit dem erwirtschafteten Geld etwas Freudiges anzustellen wissen – etwas, das über das Begleichen der monatlichen Rechnungen hinausgeht.

Die Aussage, dass Freude von innen kommt und mit Geld nichts zu tun hat, bedeutet nicht: Freude darf nur existieren, wenn kein Geld im Spiel ist. Doch genau so wird dieser Satz oft ausgelegt – meistens unbewusst. Dabei geschieht etwas Magisches: Das Unterbewusstsein trennt Freude und Geld voneinander. Da Geld aus der Sicht der Evolution nichts mit unserem Fortbestand zu tun hat, das gesunde Gefühl der Freude aber schon, entscheidet sich das Gehirn – wenn es vor diese Wahl gestellt wird – eben kurzerhand für die Freude und verzichtet lieber auf das Geld. Ist das weise? Für jemanden, der sich wünscht, glücklich und erfüllt zu arbeiten, sicherlich nicht.

Für unzählige Arbeitnehmer, aber auch Unternehmer ist diese Regel ein Novum. Ein Wunsch vielleicht, aber oftmals scheinbar nicht zu praktizieren. Vielerorts reichen die Einnahmen gerade mal für die monatlichen Fixkosten, wenn überhaupt. Ich selbst konnte früher ein Lied davon singen!

Im Karma Business geht es darum, so viel Geld mit einer freudvollen Tätigkeit und einer liebevollen inneren Haltung einzunehmen, dass die Fixkosten abdeckt sind und ein anderer Teil frei verfügbar ist, um es in etwas Großartiges zu investieren: in die Weiterentwicklung und Verbesserung des Geschäfts, den Erhalt der eigenen Gesundheit, in die Realisierung eines angenehmen Lebensstils, in die Ausbildung der Kinder, in die Pflege der eigenen Talente, Weiterbildung, Hobbys, Komfort, Kunst, Kultur und/oder in Spenden an Hilfsorganisationen.

Wenn Sie zu den Personen gehören, denen ihr Geld noch lange keine Freude bereitet und womöglich schon ausgegeben ist, bevor der Monat sich dem Ende neigt, sollten Sie sich das Prinzip der Freigebigkeit noch einmal zu Gemüte führen. Sie brauchen einen energetischen Hebel, an dem Sie ansetzen können. Weiter unten finden Sie noch ein paar Tipps und Übungen, die Ihnen helfen werden, Geld auf ethische, moralische und sinnvolle Weise zu vermehren.

Erinnern Sie sich an das Beispiel „Wasser, Hitze, Pflanzenteile (= Tee)"? Sie wissen auch, dass es sich bei Eis, Wasser und Dampf um ein und denselben Stoff handelt, nur eben in unterschiedlichen Aggregatzuständen. Nun bedenken Sie, dass Sie persönlich aus Molekülen, Atomen, subatomaren Partikeln bzw. feinstofflichen Wellenfrequenzen bestehen. Für Geld gilt dasselbe. Für die Liebe ebenfalls. Und für Ihr Sofa übrigens auch.

> **!** Geld ist nicht Mittel zum Zweck, sondern eine von vielen Quellen freudiger Momente.

Übung: Geldfreude

Erstellen Sie eine Tabelle mit drei Spalten und jeder Menge Zeilen.

In die 1. Spalte schreiben Sie, wofür Sie Geld nutzen wollen.

In die 2. Spalte schreiben Sie den Grund: Warum wollen Sie dies oder das anschaffen? Warum wollen Sie hierhin reisen und warum auf diese Art und Weise? Bei diesem Warum darf nicht ein einziges Mal „Weil ich muss" stehen. Wandeln Sie auch Ihre Verpflichtungen in Bereitwilligkeit um und finden Sie ein gutes Warum.

In die 3. Spalte tragen Sie ein, wie viel Sie aktuell für Ihre Neuanschaffung, Ihre Reise, Ihr Vergnügen etc. bezahlen müssten.

Achten Sie darauf, dass Sie sich nicht entscheiden, sondern all diese Dinge als Ihren idealen Lifestyle skizzieren. Auf diese Weise erfahren Sie, was Sie an Geld erwirtschaften müssen, um diesen Lifestyle zu realisieren. Bei dieser Aufgabe wird Sie vielleicht das frustrierende Gefühl überkommen, dass Ihnen irgendwie immer die Zeit oder das nötige Kleingeld fehlen wird. Machen Sie sich frei von diesem Gedanken. Er ist nicht die alles umfassende Wahrheit, denn die kennt niemand. Nehmen Sie sich zunächst erst einmal nur vor, dass sich dieses Szenario realisieren möge.

Checkliste

✓ Lassen Sie zu, dass Arbeit und Vergnügen nicht zweierlei sein müssen.
✓ Streben Sie an, neben all den Notwendigkeiten auch etwas Freudvolles mit Ihrem Geld zu tun – für sich und für andere.
✓ Akzeptieren Sie Geld als eine Energie ohne eigene Bedeutung.
✓ Rechnen Sie aus, was Sie einnehmen wollen, und nicht, was Sie einnehmen müssen.

Freude an den Einnahmen ermöglichen mehr von ihnen.

Regel Nr. 3: Bedeutsamkeit

Rückblickend möge die Unternehmung von Bedeutung sein.

Eine Tätigkeit, die als sinnlos empfunden wird, macht krank. Zu arbeiten, ohne jemals ein Ende zu erkennen, macht auch krank. Und Geld zu verdienen, ohne dabei Spaß zu haben und ohne dass das eingenommene Geld jemals in Freude verwandelt wird, ist sowieso völlig krank, aber dennoch für viele alltäglich und normal.

Wer ein Unternehmen leitet, tut gut daran, für sich selbst und seine Geschäftspartner nachvollziehbare Werte zu kreieren. Die Bedeutung bzw. der Wert einer Tätigkeit oder eines Ziels wird von Person zu Person unterschiedlich empfunden. Aus diesem Grunde ist es sinnvoll, mit Menschen zusammenzuarbeiten, deren ethische Vorstellungen und Werte zu Ihren passen.

Leichter gesagt als getan? Sicherlich. Adäquat zu handeln und die Konsequenzen entsprechend zu ziehen, fiel auch mir nicht immer leicht, und es fühlte sich in so manchen Momenten regelrecht falsch an. Doch ich versichere Ihnen, dass es sich lohnt, genau hinzusehen, mit wem Sie arbeiten, von wem Sie sich anstellen lassen, wem Sie Aufträge erteilen, wem Sie dienen wollen und wer Ihre Produkte kaufen darf, sprich: für wen Ihre Produkte bestimmt sind und für wen nicht.

Diese Wahl mag Ihnen luxuriös erscheinen. Nicht jeder hat Wahlmöglichkeiten, meinen Sie? Sie haben Recht! Denn Wahlmöglichkeiten wollen von jedem Einzelnen selbst erschaffen werden, und das geht nicht von heute auf morgen. Doch wenn Sie ab jetzt achtsam, wohlgesinnt und aufgeschlossen sind, wird es Ihnen sehr schnell gelingen, neue Optionen zu erkennen. Die Schwierigkeit liegt im Treffen einer Entscheidung. Sie werden innerlich spüren, dass eine deutliche Veränderung fällig ist. Vielleicht trennen Sie sich von einem Auftraggeber oder stellen sich noch viel „spitzer" im Markt auf. Solche Entscheidungen sind furchteinflößend! Die gute Nachricht: die Saat, die Sie zuvor gesät haben, wird so oder so aufgehen – unabhängig davon, ob Sie bleiben, wo Sie sind, oder in irgendeine Richtung losgehen. Bleiben Sie, wo Sie sind, ernten Sie die Frucht vielleicht im Sommer, biegen Sie nach rechts ab, ernten Sie dieselbe Frucht vielleicht im Herbst. Sicher ist, dass Sie ernten, und zwar in Form eines Gefühls. Welches das ist, ist eine Frage Ihrer Saat. Sie dürfen sich Ihre Entscheidung leicht machen und ihrem Bauchgefühl folgen.

Zurück zur Bedeutsamkeit. Für jeden von uns sind unterschiedliche Dinge von Bedeutung. Für mich ist es beispielsweise von Bedeutung, was ich sowohl meiner Tochter als auch meinen Klientinnen vorlebe und dass ich ihnen gewisse Dinge ermögliche. Was ist für Sie wichtig? Und was ist für die Menschen von Wert, mit denen Sie arbeiten? Wissen Sie das?

Übung: Liste der Bedeutung

Nehmen Sie ein Blatt Papier und schreiben Sie auf, für wen die Dinge, die Sie bisher getan haben, von Bedeutung waren und inwiefern. Haben Sie mit Ihrem Tun Freude bereitet oder Stress verursacht? Haben Sie jemanden inspiriert oder gekränkt? Haben Sie sich selbst etwas Gutes getan oder stehen Sie sich selbst im Weg? Hatte Ihr Tun eine gute oder eine schlechte Bedeutung?

Beachten Sie die vorgestellten drei Regeln. Sie werden merken, wie sich ihr Fokus verschiebt. Sie werden feststellen, wie Sie neue Facetten in sich kennenlernen, die bisher brachlagen. Sie kommen Ihrem vollen Potenzial näher. Sie reichern Ihre Persönlichkeit um neue Aspekte, neue Herangehensweisen, neue Blickwinkel und neue Gewohnheiten an. Damit ist der erste Schritt zu Glück und Erfüllung getan: Sie wachsen.

> Was wir tun, ist so oder so von Bedeutung. Gut ist es, wenn wir dabei etwas Heilsames hinterlassen. **!**

Auf den Punkt gebracht

Die drei Regeln des Karma Business sorgen dafür, dass das Business einen Boden zum Florieren bekommt, dass dieser Boden Früchte trägt, die Freude bereiten, und dass diese Früchte nahrhaft sind.

Ihr Karma-Set-up

Sie können noch so viele Bücher lesen und sich noch so emsig weiterbilden, am Ende zählt nur das, was Sie tatkräftig umsetzen. Die Einstellung, die sich in unserem Inneren befindet, will tatkräftig nach außen gekehrt werden. Sollten Sie ein eigenes Business betreiben, sind bestimmte unternehmerische Schritte selbstverständlich. Einige der nachfolgend genannten werden Ihnen vertraut sein und zu Ihren „Hausaufgaben" gehören. Dennoch möchte ich sie noch einmal aufgreifen, um denen, die auf diesem Parkett noch neu oder ein wenig ungeübt sind, ein wenig Handwerkszeug an die Hand zu geben.

Wenn Sie anstreben, mit Ihrem Tun Geld zu verdienen, dann tragen Sie die Verantwortung für das Gelingen Ihrer Aktionen. Aktionen, die Ihnen gelingen, sorgen für Freude. Sie gelingen dann, wenn die idealen Personen involviert sind. Diese finden zu Ihnen, wenn Sie Klarheit ausstrahlen und sich entsprechend positionieren. Nur dann werden Sie sich Ihrer Expertennische bewusst und können adäquates Geld verlangen, das Sie dann wiederum für Freudiges und Sinnvolles einsetzen. Beginnen wir mit den idealen Personen:

Ihr idealer karmischer Businesspartner (IKB)

Wenn wir uns eine Beziehung wünschen, halten wir die Augen offen nach dem idealen Partner, und in der Regel haben wir eine Vorstellung davon, wie diese Person sein soll bzw. wie sie definitiv nicht sein soll. Wer unangenehm riecht, wird nicht geküsst. So ähnlich sieht die Angelegenheit mit dem Idealkunden/-auftraggeber/-arbeitgeber aus. Seien Sie hier nicht nachlässig. Küssen Sie nicht beliebig in der Weltgeschichte herum.

Als ich erstmals das Wort „Idealkunde" (oder auch „Wunschkunde") hörte, hielt ich nicht viel davon auszuwählen, wer mit mir arbeiten darf und wer nicht. Als Selbstständige wäre mir nicht im Traum eingefallen, jemanden, der meine Dienstleistung gegen Honorar buchen wollte, abzuweisen. Andererseits war ich es aber auch leid, unangenehme Missverständnisse aus dem Weg zu räumen, faule Kompromisse einzugehen, Zahlungsverzögerungen zu dulden oder mich so sehr auf meinen Auftraggeber einzustellen, dass ich mir selbst schon fremd war. Ein Dilemma, das nach einer Entscheidung verlangte. Ich beschloss, dem Konzept dieses ominösen Wunschkunden eine Chance zu geben, und machte mich daran, diesen fantasievoll zu skizzieren. Dabei ging ich folgendermaßen vor:

Zuerst überlegte ich, welche Art Kundschaft bisher eher negative Saatgedanken/-emotionen in mir ausgelöst hatte. Dies sollte ab jetzt nämlich nicht mehr vorkommen, da ich mit Freude arbeiten und niemandem etwas vormachen wollte.

Im Zuge dessen verstand ich, dass meine Minus-Klientel für einige meiner Kollegen ein wahres Plus darstellte, denn einige von ihnen hatten sich auf solche „Kandidaten" spezialisiert. Es war mir eine große Freude, meinen Kollegen auf diese Weise Kundschaft zu vermitteln, die zu mir nicht passte.

Es kamen eine ganze Reihe K.-o.-Kriterien zusammen, so-dass ich schnell Klarheit darüber erlangte, welche Art von Coaching zu welchen Konditionen ich lieber nicht (mehr) anbieten sollte. Ich gestaltete meinen Auftritt nach außen entsprechend: Texte, Werbemittel, Marketingaktivitäten wurden neu ausgerichtet. Dadurch fand eine natürliche Auslese statt, und zwar zum Wohle aller.

Vielleicht denken Sie jetzt, dass ich mir da einen höchst irrationalen, bequemen Luxus gegönnt hätte, der grob an der Realität des Arbeitsmarktes vorbeigeht, und dass Sie sich selbst eine solche Auslese nicht erlauben können. Das ist ein Trugschluss! Im Gegenteil: Sie müssen sich diesen Luxus, der vielmehr eine professionell verantwortungsvolle Selbst-verständlichkeit ist, sogar leisten. Sonst arbeiten Sie mit Menschen, die nicht zu Ihnen passen, die Ihnen widerwillig Geld geben, nur halbwegs zufrieden sind und Sie deshalb auf gar keinen Fall weiterempfehlen werden. Ist es das, was Sie anstreben? Ich kann es mir kaum vorstellen.

Was meine Minus-Klientel angeht, war diese Auflistung zunächst einmal nur Theorie und Schriftkram. Als es dann an die kühne Umsetzung ging, kostete es mich allergrößte Überwindung, jemandem, der mit mir arbeiten wollte oder sollte, die Kontaktdaten von einer Kollegin zu geben und ein „leider nein" auszusprechen. Ich lernte, an welchen Punkten ich selbst noch über mich hinauswachsen durfte.

Als mir klar wusste, wer zu meiner Wunschklientel gehört und wer nicht, konnte ich wirklich Freude dabei empfinden, eine Kollegin zu empfehlen und auf diese Weise für eine dreifache Bereicherung und Erleichterung zu sorgen: beim Kunden, bei der Kollegin und bei mir. Die frei geworde-ne Kapazität konnte ich nun jemandem zugestehen, der meiner Idealvorstellung eines karmischen Businesspartners entsprach.

Haben Sie Lust, jetzt und hier Ihren individuellen IKB zu kreieren? Gehen Sie einfach Schritt für Schritt vor. Und keine Angst – es ist nichts in Stein gemeißelt. Sie können jederzeit nachjustieren.

Übung: Der ideale karmische Businesspartner

- *Welche Rolle spielt die Person, die Sie skizzieren?*
- *(Klient/Patient/Kunde/Arbeitgeber/Dienstleister/Chef)*
- *Welchen Geschlechts ist diese Rolle?*
- *Welchen Alters muss die Person sein, um Ihren Service/Ihr Produkt wertschätzen zu können?*
- *Welche Werte hat diese Idealperson? Was ist ihr wichtig? (Ehrlichkeit, Familie, Besitz, Sicherheit, …)*
- *Wie arbeiten Sie mit dieser Person vorzugsweise? (online, persönlich, …)*
- *Welche Wesenszüge trägt Ihre ideale Person? Wie tickt sie? (robust, zartbesaitet, empathisch, künstlerisch, …)*
- *Mit welcher Bezeichnung identifiziert sich diese Person? (Mutter, Vater, Unternehmer, Freelancer, Künstler – seien Sie hier ganz spezifisch!)*
- *Welche Interessen teilt diese Person mit Ihnen?*
- *Mit welchem Gedanken wacht diese Person morgens auf?*
- *Welche dringliche Frage treibt sie beim Zähneputzen um? Wie formuliert sie diese Frage? Welche Worte benutzt sie?*
- *Wonach sehnt sie sich? Wovon träumt sie?*
- *An welcher Stelle würde diese Person niemals am Geld sparen?*

- *Wie ist ihre Weltanschauung?*
- *Von wem oder was lässt sie sich beeindrucken/beeinflussen?*
- *Was hat sie schon alles versucht, um eine Lösung zu finden?*
- *Wo und wie kauft/rekrutiert sie normalerweise?*

Nun wissen Sie, wie Ihr IKB tickt, und können nachempfinden, mit welchem inneren oder äußeren „Schmerz" sich diese spezielle Person morgens beim Zähneputzen gedanklich beschäftigt: Was möchte die Person verändern, anschaffen oder tun und wie können Sie ihr dabei helfen?

Diese Übung ist auch großartig, wenn Sie sich gerade nach einem neuen Job umsehen. Normalerweise würden Sie einfach nach Vakanzen in ansprechenden Firmen Ausschau halten und dabei den persönlichen Aspekt außer Acht lassen, weil Ihre Konzentration auf einem höheren Verdienst, einer besseren Struktur oder einer erfreulicheren Tätigkeit liegt. Die Suche beginnt in diesem Fall beim Mangel und Sie als Suchender begeben sich in die Position des Bittstellers. Sobald Sie aber wissen, für wen Sie gerne arbeiten wollen, können Sie mit viel mehr Fokus, Ausstrahlung und Selbstsicherheit in ein Bewerbungsgespräch gehen. Sie prüfen Ihr Gegenüber genauso, wie Sie selbst geprüft werden. Ein Gespräch auf Augenhöhe findet statt.

Klarheit darüber zu erlangen, mit wem wir beruflich in Kontakt treten wollen und mir wem besser nicht, kommt einer Befreiung gleich. Jeder, der sich diesbezüglich diffus und beliebig aufstellt, klagt in der Regel über Stress, denn es entstehen nicht selten lästige Preisverhandlungen, Unstimmigkeiten und ärgerliche Reklamationen. Es ist erstaunlich, wie viele Menschen ein Business betreiben, ohne sich darüber Gedanken zu machen, für wen genau ihr Produkt bzw. ihre Dienstleistung bestimmt ist und vor allem auch: für wen eben nicht.

Wer einmal seinen IKB skizziert hat, weiß, dass jeder, der nicht zu dieser Skizze passt, für jemand anderen als Kunde, Klient oder Patient viel vorteilhafter ist, und kann sich getrost von Konkurrenzdenken frei machen. Das gilt sowohl für die Jobsuche als auch für die Kundengewinnung.

Transparenz bei der Positionierung

Klarheit bezüglich des IKB führt zu einer alles entscheidenden Frage: Wenn diese Person zu Ihnen passt, passen Sie denn dann auch zu ihr? Damit Ihr IKB Letzteres herausfinden kann, müssen Sie der Person die Chance dazu geben, und zwar bevor sie sich mit Ihnen persönlich in Verbindung setzt. Das geschieht online. Warum? Weil wir uns im Zeitalter der Vernetzung befinden. Oder schlagen Sie etwa die Gelben Seiten auf, wenn Sie einen Laden suchen? Holen Sie noch den Duden aus dem Regal, wenn Sie ein Wort nachschlagen wollen? Statt „nachschlagen" hätte ich gerade um ein Haar „googeln" geschrieben.

Wenn Sie glücklich, erfüllt und erfolgreich arbeiten wollen, gehört es dazu, dass Sie für Ihren IKB „googelbar" sind und in den sozialen Netzwerken identifiziert werden können.

Sofern Sie sich in Ihrer Branche bereits einen Namen gemacht haben, wird man diesen wohl bei Google eingeben, wenn man etwas über Sie wissen will: Dann tauchen Sie dort

mit einem Interview oder einem Porträt in einem Branchen-
blatt oder dem Wirtschaftsteil der Lokalzeitung auf, und
dazu gibt es das Foto, das Sie für diesen Artikel freigegeben
haben. So. War es das jetzt? Gibt es keine Website von
Ihnen als Person, die Ihr Tun, Ihr Können, Ihren Stil, Ihren
Werdegang nachvollziehen lässt? In diesem Fall ist es eher
unrealistisch, dass überhaupt jemand Ihren Namen googelt.
Realistischer ist es dann, dass Ihr IKB Folgendes eingibt:

- Übungen gegen Rückenschmerzen

- Warum halten meine Extensions nicht?

- Tutorial Kunstleder-Shopper nähen

- Sind Diäten gesund?

Und wenn Sie für eine derartige Suche eine passende und
elegante Lösung parat haben, wäre es nicht verkehrt, wenn
Sie in der Liste, die Google daraufhin ausspuckt, auftauchen
würden.

Ich z. B. ginge in der Menge an Coaching-Instituten völlig
unter, hätte ich mich als klassischer Business Coach positionieren wollen. Da ich aber weiß, dass meine ideale karmische Businesspartnerin einen ausgeprägten Zugang zur
Spiritualität hat, gleichzeitig aber auch den Wunsch hegt,
ihr Geschäft voranzutreiben, wird ihre Google-Suche entsprechend ausfallen. Die Chance ist groß, dass sie über den
Begriff „Karma Business" stolpern und einen Text von mir
vorfinden wird, der sie sehr interessieren dürfte. Dieser Text
ist auf meiner Website veröffentlicht neben vielen weiteren
Artikeln. 80 % meiner Klientinnen haben sich im Vorfeld ein-
gehend über mich informiert, sich auf YouTube Videos von
mir angesehen oder meine Bücher gelesen, bevor sie sich bei

mir mit der Gewissheit melden, dass ich ihnen weiterhelfen kann und zu ihnen passe. Meine Positionierung ist klar und geschärft: Wer ein klassisches, faktisches Karriere-Coaching will, ist bei mir falsch, und wer sich ausschließlich für spirituelles Wachstum interessiert und einen Guru sucht, ist bei mir ebenfalls nicht an der richtigen Adresse.

Ihre eigene Positionierung schärfen Sie, indem Sie sich z. B. entscheiden, ob Sie Ihre Klientel duzen oder siezen wollen, welche Worte Sie benutzen und welche Qualität Sie nach außen ausstrahlen in Form von Logo, Bild und Look. Ihre Positionierung ergibt sich also aus Ihrer thematischen und persönlichen Unverwechselbarkeit (USP), eben aus allem, was Sie „merk-würdig" macht.

Der Schritt, sich im Markt „spitz" aufzustellen, fällt den Allermeisten unendlich schwer. Es bedeutet, einen Teil der Kundschaft (bzw. potenzielle Jobs) bereitwillig jemand anderem zu überlassen. Damit Sie nach dieser Entscheidung nicht ohne Kundschaft (oder Job) dastehen, müssen Sie den „Schmerz", mit dem sich Ihr IKB herumplagt, gut kennen und freigiebig eine Lösung offerieren. Dann kann Ihr IKB auswählen, ob er es vorzieht, sich selbst anhand der von Ihnen zur Verfügung gestellten Informationen zu helfen oder ob er lieber mit Ihnen in Kontakt tritt.

Sich mit einer speziellen Thematik zu beschäftigen und darüber zu bloggen, zu podcasten oder Videos zu veröffentlichen, hat sowohl eine kreative, ausgleichende Komponente als auch einen erfolgsfördernden Reiz.

Fallbeispiel: Elena, 45, Head of Social Media

„Ich war als Senior Marketing Manager beim Unternehmen XY angestellt und spielte mit dem Gedanken, mich umzuorientieren. Ich wusste nur nicht so recht, wo ich hin wollte und was mich dort erwarten würde. Ich war unsicher, ob ich überhaupt anfangen sollte, mich irgendwo zu bewerben. Im Coaching haben wir erarbeitet, welche Tätigkeiten mir bei meiner Arbeit besonders liegen. Fasziniert bin ich vom Social Media Marketing. Dieser Bereich fiel nur leider nicht direkt in meinen Aufgabenbereich. Mit einem Mal ging alles ruckzuck: Ich baute mir eine Website mit meinem Namen als Domain und schrieb einen Blogartikel nach dem anderen, in denen ich mit spielerischem Unterton Fragen zu Facebook-Marketing, Google-Analytics, SEO etc. beantwortete. Alles war ein wenig mädchenhaft gestaltet und irgendwie „süß". Es entwickelte sich ein richtiges Hobby daraus. Ich hatte plötzlich gar nicht mehr den dringenden Wunsch, mich beruflich zu verändern. Alles war gut und total ausgeglichen und fröhlich. Dann, ca. acht Monate später, bekam ich einen Anruf von einer 360°-Social-Media-Agentur. Sie hätten gerade etwas im Netz gesucht und seien auf einen meiner Texte und dadurch auch auf meine „süße" Seite gestoßen. Da sie gerade dabei seien, ihr Team zu vergrößern, wollten Sie mich fragen, ob ich an einem Gespräch interessiert sei. Um es kurz zu machen: Ich habe jetzt einen neuen Job, den ich liebe, bei dem ich ständig Neues lerne, weil sich die Onlinewelt in einem permanenten Wandel befindet, wo ich meiner Kreativität freien Lauf lassen kann und wo ich als Expertin um einiges mehr verdiene als vorher."

Ihre Aufgabe ist es, eine Unverwechselbarkeit zu kreieren und diese im nachfolgenden Schritt für andere sichtbar und (be-)greifbar zu machen. Nur verwechseln Sie das Sich-Positionieren nicht mit dem sogenannten Expertenstatus. Die beiden Begriffe werden wahnsinnig gerne in einen Topf geworfen. Der Expertenstatus erlaubt es Ihnen, sich hochpreisig aufzustellen. Nein, Moment – er verlangt es sogar. Ihre Positionierung allein schafft das nur im Ausnahmefall. Nach außen drückt sich dieser Status in Form von Buchveröffentlichungen, Interviews und/oder Vorträgen aus. Beispiele: Sie betreiben ein Schneideratelier für Brautkleider und halten Profiseminare für Wedding Planner. Oder Sie sind Schuldnerberater und haben einen Ratgeber über die Ursachen und die Auflösung von Verschuldung geschrieben.

Ihr Expertenstatus gedeiht aus dem von Ihnen aktuell genutzten Know-how, den aktiv angewandten Methoden/verwendeten Materialien sowie Ihrem Erfahrungsschatz in genau diesem Bereich. Etwas, das Sie zwar mal gelernt haben, aber nicht mehr täglich anwenden, lassen Sie getrost unter den Tisch fallen, denn das würde Ihre Positionierung verwässern.

Ich kann Ihren inneren Widerstand regelrecht spüren. Da haben Sie all die Ausbildungen gemacht und Zertifikate erhalten und nun sollen Sie plötzlich nicht mehr erwähnen, dass Sie auch mal vier Semester Jura studiert haben oder fließend Mandarin sprechen?! Wenn Sie heute als Hypnose-Coach für Menschen mit einer Zahnarztphobie arbeiten, dann ist alles, was damit nichts zu tun hat, irrelevant. Es würde nur für Verwirrung sorgen. Erwähnen Sie's im Nebensatz oder als Anekdote, aber nicht als Qualifikation. Übrigens: Nur weil Sie Anfang des Jahres ein Zertifikat erworben haben, sind Sie noch lange kein Experte. Auch können Sie sich nicht selbst als „Experte" bezeichnen. Dieser Titel wird Ihnen zugeschrieben von Menschen, die Sie für einen solchen halten.

Vielleicht flüstert Ihnen Ihr Verstand jetzt, dass doch die Einsatzmöglichkeiten als Allrounder viel mannigfaltiger sind, dass Sie auf diese Weise viel mehr unterschiedliche Probleme beheben und mehr Kunden gewinnen können und es dadurch gewiss auch nie langweilig wird. Sie müssen wissen: Alles-Anbieter sind selten glücklich, erfüllt und erfolgreich, sondern kommen meistens irgendwie über die Runden und haben dennoch wenig freie Zeit für süßes Nichtstun.

Zum Karma Business gehört es, den „Kiosk" mit seinen beliebten zuckerhaltigen Kaltgetränken, den praktischen Fertigsnacks, den Zigaretten und billigen Spirituosen zu schließen und ab jetzt nur noch guten, edlen Wein für Kenner und Liebhaber anzubieten.

Ein Kunde (Arbeitgeber), dem der Schuh so sehr drückt, dass der Fuß bereits blutet, wird einem Experten für verwundete Füße und gutes Schuhwerk mehr Geld für seine Hilfe bezahlen als jemandem, der neben vielen anderen Dingen auch ein paar Schuhe im Regal hat – und sei dieser noch so billig.

Fallbeispiel: Jana, 49, Ernährungsberaterin

„Bevor ich mich habe coachen lassen, sah mein Themenspektrum so aus: Entgiften (Detox), Basen-Fasten, ayurvedische Kost, vegane Kost. Ich kannte mich in der vegetarischen Küche aus, hatte alles über längere Zeiträume probiert und konnte zu allem etwas sagen. Mein Steckenpferd sind allerdings Saftkuren und Rohkost, denn diese Ernährung hat mich vor einigen Jahren von einigen sehr unangenehmen Zipperlein befreit. Dennoch bot ich auf meiner Website

themenübergreifende Beratungen an, um ja niemanden zu verprellen, und vor allem, um zu zeigen, was ich alles an Wissen draufhabe. Was ich nicht bedacht hatte: Dem Interesse für eine bestimmte Art der Ernährung gehen für gewöhnlich körperliche Beschwerden oder ungewollte physische oder psychische Veränderungen voraus. Wenn ich diese Beschwerden oder Veränderungen nicht aufgreife und lediglich von den unterschiedlichen Methoden spreche, ist es für Betroffene schwierig, mich zu finden, denn kaum jemand wird bei chronischen, schmerzhaften Symptomen nach „Saftkuren" googeln. Als ich mich durchgerungen hatte, mich für Interviews als Spezialistin für heilende Säfte und Rohkost zur Verfügung zu stellen, konnte ich meine Position schärfen und bekam plötzlich Anfragen für Vorträge. Nie im Leben hätte ich früher vor Publikum gesprochen! Logischerweise nicht – ich hätte mich völlig verzettelt. Jetzt war alles klar und ich konnte mich entsprechend selbstsicher und versiert zeigen. Ich lebe es ja vor! Es war wirklich ein Genuss. Das Beste daran: Es finden nur noch Menschen zu mir, die mir an den Lippen hängen, wenn ich über meine Themen spreche. Meine Preise habe ich inzwischen verdoppelt und damit lustigerweise auch mein Einkommen."

Nur wenn Sie es schaffen, sich als Nischen-Experte in ihrem Marktsegment mit einer großen Portion Unverwechselbarkeit zu positionieren, sind Sie in der Lage, entsprechende Preise für Ihre gute Leistung durchzusetzen. Das erfordert nachweisbares Fachwissen, nachweisbare Erfahrung, nachweisbaren Schneid und eine entsprechende „Vegetationszone" auf Ihrem persönlichen „Berg des Geldes", auf den ich weiter unten noch eingehe.

Übung: Positionierung

- *Notieren Sie sich die Tätigkeiten und Themenbereiche, in denen Sie sich vollkommen verlieren können.*
- *Danach schreiben Sie auf, welche Tätigkeiten Ihnen Kummer oder Mühsal bereiten.*
- *Über welches Gebiet möchten Sie immer mehr wissen?*
- *Über welches Thema bilden Sie sich gerne weiter?*
- *Worüber wissen Sie schon jetzt enorm viel, auch wenn dies (noch) nicht zu Ihrem direkten Arbeitsfeld gehört?*
- *Was passiert auf emotionaler Ebene bei Ihrem IKB, wenn er mit Ihnen arbeitet?*
- *Worüber braucht sich Ihr IKB keine Sorgen mehr zu machen, sobald er Sie gefunden hat?*

Finden Sie einen Weg, die Aufgaben, die Ihnen nicht liegen, über kurz oder lang an jemanden zu delegieren, der mehr Freude daran hat. Fokussieren Sie sich auf das, was „Ihr Ding" ist, und streben Sie danach, in diesem Bereich immer auf dem neuesten Wissensstand zu sein. Angestrebt ist, dass sich Ihr Job nicht mehr wie Arbeit, Mühsal oder Schufterei anfühlt, sondern wie ein gut bezahltes Hobby.

Integration von Archetyp und Lebensaufgabe

Wir alle kommen mit bestimmten Talenten, Gaben und der Energie bestimmter Archetypen auf die Welt, die sich im Regelfall schon im Kindesalter bemerkbar machen. Was wollten Sie früher sein oder werden und zu welchem der folgenden zwölf Archetypen passt Ihr damaliger Wunsch?

- Kämpfer/Kriegerin (Wettkampf, Leistung, Erfolg)
- Entdecker/Forscherin (Neugier, Forscherdrang, Freiheit)
- Liebhaber/Verführerin (Liebe, Geborgenheit, Treue)
- Hofnarr/Närrin (Spaß, Geselligkeit, Neugier)
- Weiser/Priesterin (Wissen, Gerechtigkeit, Wahrheit)
- Herrscher/Königin (Macht, Status, Kontrolle)
- Magier/Zauberin (Wissen, Abenteuer, Neugier)
- Rebell/Rebellin (Selbstverwirklichung, Unabhängigkeit)
- Künstler/Schöpferin (Freiheit, Selbstverwirklichung)
- Bodenständiger/Mutter (Stabilität, Treue, Sicherheit)
- Kind/Mädchen (Neugier, Liebe, Spaß)
- Beschützer/Fürsorgliche (Liebe, Geborgenheit, Treue)

Sich des inneren Archetyps bewusst zu werden, hilft, die eigenen Vorlieben und Abneigungen zu akzeptieren. Sollte Ihnen z. B. mangelnde Ernsthaftigkeit (Professionalität) vorgeworfen werden, kann es sein, dass in Ihnen ein Entertainer (Narr) schlummert, der erst auf einer Rednerbühne zu seiner vollen Entfaltung kommt. Eine Mitarbeiterin, die als „bossy" gilt, trägt vermutlich die Königin in sich und könnte eine herausragende Führungskraft oder erfolgreiche Unternehmerin sein. Und wenn Sie den Beschützer oder die Fürsorgliche in sich tragen, steht wahrscheinlich ständig irgendwer in Ihrem Büro, um Ihnen die Ohren vollzujammern, während Sie sich das Ganze geduldig anhören und so in zeitliche Bedrängnis geraten.

Was die Lebensaufgabe angeht, so überprüfen Sie nun, welche der folgenden Tätigkeiten Ihnen einfach ein inneres Bedürfnis und so selbstverständlich für Sie sind, dass Sie sie bislang gar nicht als Gabe oder Talent haben wahrnehmen können: heilen, helfen, lehren, bewirten, trainieren, überzeugen, schreiben, malen, beglücken, retten, bewegen, verändern, dienen, netzwerken, anleiten, reparieren, verkaufen, präsentieren, erschaffen, verschönern, ordnen, begleiten, ermutigen, recherchieren, … Welche davon würden Sie am liebsten miteinander kombinieren?

> Archetyp und Lebensaufgabe liefern die richtige Energie und die richtigen Instinkte für erfolgreiches Arbeiten – wenn wir sie lassen.

Es ist eine Kombination aus diesen Elementen, Fachwissen und Erfahrung, die Sie zu einem Experten und Spezialisten Ihres Gebietes macht. Machen Sie dies mit beherzter PR, ethischem Marketing und einem charmanten, ansprechenden (Online-)Auftritt transparent, damit die richtigen Personen eine reelle Chance haben, zu Ihnen zu finden.

Herzenswärme und emotionale Intelligenz

Ein Planet, auf dem alle einander unterstützen und Leben und Lebensräume geschützt werden, eine Firma, in der jeder jedem hilft, ein Marktsegment, in dem man sich untereinander weiterempfiehlt, … Klingt gut, oder? Zu schön, um wahr zu sein?

Das, was wir uns wünschen, wird zum wahrhaftigen Erlebnis für uns, wenn wir als entsprechendes Beispiel vorangehen – ohne Berechnung, ohne in die Trickkiste zu greifen, ohne andere zu manipulieren oder zu unseren Gunsten verändern zu wollen. Das, was hier paradox klingt (eine Veränderung hervorzurufen, ohne diese anzustreben), ist das kleine große Geheimnis, auf dem alles basiert.

Mitgefühl und Herzenswärme kann der Mensch nur dann anderen Personen angedeihen lassen, wenn er die entsprechenden Ressourcen in seiner seelischen und körperlichen Vorratskammer angelegt hat. Diese Vorratskammer darf niemals geplündert, ausgebrannt oder sonst wie vernichtet werden. Sie ist nur dann prall gefüllt mit diesen wundervollen, hilfreichen Ressourcen, wenn sich der Mensch von inneren und äußeren Zwängen befreit, wenn er sich selbst die Erlaubnis gibt, freigeistig zu leben, dabei innerlich zur Ruhe kommt, Übungen zur Vergebung praktiziert und nicht zuletzt sich selbst dann und wann gestattet, auch Hochwertiges und Hochpreisiges in seinem eigenen Leben stattfinden zu lassen.

Unsere finanziellen, energetischen und zeitlichen Mitgefühl-Ressourcen wachsen, wenn wir selbst wachsen. Sie gedeihen, sobald wir Neues kreieren, Gutes für uns einfordern und uns weigern, uns ausbrennen, ausbeuten oder einschränken zu lassen. Wer seine seelische und körperliche Vorratskammer aus der Tradition heraus, aus Gewohnheit oder zugunsten anderer plündert und sie nicht wieder auffüllt, wird früher oder später keine Toleranz, keine Milde und keine Großzügigkeit mehr in sich tragen. Dann treten Schuldzuweisungen, Beschwerden über andere oder Lästereien sowie Gejammere auf den Plan. Sollten Sie sich dabei ertappen, kümmern Sie sich augenblicklich um die Ressourcen in Ihrer inneren Vorratskammer!

Zur Verdeutlichung: Stellen Sie sich die Misere von jemandem vor, der in einem tiefen, modrigen Loch sitzt. Was glauben Sie, wie Sie demjenigen, der da unten hockt, sinnvoller helfen: indem Sie zu ihm nach unten klettern, sich neben ihn setzen und ein bisschen mit ihm gemeinsam frieren oder indem Sie ihm aus dem Loch heraus ins wärmende Sonnenlicht helfen? Bei Letzterem müssen Sie darauf achten, selbst oben zu bleiben. Natürlich können Sie sich ein Stück weit in das Loch hineinlehnen und ihre Hand ausstrecken, doch der im Loch Sitzende muss sich vor allem zu Ihnen bewegen und signalisieren, dass er nach oben kommen will.

Wir können nicht in einer liebevollen, toleranten (Arbeits-) Welt leben, ohne vorher Mauern und Trennzäune einzureißen. Es ist nicht so, dass uns jeder sympathisch sein muss. Es reicht, wenn wir ihn gedanklich mit Liebe segnen. Achten Sie gut auf sich selbst, auf Ihre inneren Unterstützer-Ressourcen und somit auch auf Ihre karmischen Businesspartner. Pflichtgefühl oder innere Zwänge sind keine kraftvollen Motivatoren, um etwas vermeintlich Gutes zu tun. Nur was aus Liebe geschieht, ist Katapult und Boomerang für Erfüllung und Erfolg.

> Ein Geschäftspartner wird sich immer daran erinnern, welche Gefühle Sie in ihm ausgelöst haben. **!**

Um Mitgefühl aus vollem Herzen praktizieren zu können, muss u. a. Ihr Herzchakra geöffnet, rein und aktiv sein. Chakren sind Energiezentren des Menschen, die entlang der Wirbelsäule lokalisiert werden und unterschiedliche Funktionen und Einflüsse auf unsere Organe haben. Das Herzchakra liegt in Herzhöhe auf der vertikalen Mittelachse Ihres Körpers und steht für universelle Liebe und Heilung. Es unterstützt unsere Fähigkeit zu bedingungsloser Liebe und Hingabe und arbeitet auf physischer Ebene unserem Herzen und der Lunge zu. Ihm wird die Schwingungsfarbe Grün mit zartem Rosé zugeordnet. Die Vorderseite Ihres Brustkorbs steht für das freudige Empfangen und Ihre Rückseite für das freudige Geben. Ist Ihr Herzchakra vorne und/oder hinten verunreinigt, verstopft oder träge (was durch Kränkung, Kummer, Konflikt geschehen kann), macht sich dies u. a. dadurch bemerkbar, dass es Ihnen schwerfällt, etwas anzunehmen (Geschenke, Geld, Dank, Komplimente, Nähe, Liebe, Gutes) oder etwas sorglos und unbekümmert loszulassen (Geld, Kontakte, Wissen, Nähe, Liebe, Vortritt, Recht).

Fallbeispiel: Eva, 35, spirituelle Lehrerin und Bloggerin

„Ich war mit meinem Mann und unserer Tochter unterwegs. Die beiden waren schon vorausgeeilt. Ich trottete etwas langsamer hinterher. Von Weitem bekam ich mit, wie unter einer Unterführung ein Neonazi einen dunkelhäutigen Obdachlosen anbrüllte. Ich hörte Fragmente wie 'Auschwitz', 'zurück in dein Loch' und dergleichen. Ein Teil von mir wollte den stiernackigen Kahlkopf anbrüllen, aber ich ging wie fremdgesteuert hin und stellte mich, ohne etwas zu sagen, zwischen die beiden Männer, mit dem Rücken zu dem Beschimpften. Ich sah die 'Glatze' wortlos an – wie gesagt: Ich

war wie fremdgesteuert. Ich blickte ihm einfach ins Gesicht. Ich erkannte seine Wut und seinen Frust und seltsamerweise auch eine gewisse Angst, die sich gegen ihn selbst und seine Situation, aber eben auch gegen den Obdachlosen richteten. Mein Herz schlug heftig, aber es muss wohl auch weit geöffnet gewesen sein, denn ich schickte gedanklich das Wort 'Liebe' zu dem Wütenden. Nonstop. Und ohne ihn aus den Augen zu lassen. So lange, bis er uns schon fast hilflos mit seiner Pizza bewarf und sich schließlich laut motzend trollte. Ich brach weinend zusammen, als mein Mann und meine Tochter zu mir zurückgelaufen kamen und fragten, was in mich gefahren sei. Ich weiß es bis heute nicht. Ich habe mich einfach leiten lassen. Angst hatte ich erst, als alles vorbei war."

Das Herz zu öffnen und Liebe zu verschenken, vor allem an die, die sie „nicht verdient" haben, macht uns stark und verleiht uns ein Gefühl von Sicherheit. Liebe hat niemals etwas mit Torheit zu tun. Liebe kann niemals trennen, sondern nur versöhnen, beruhigen, besänftigen und vereinen.

Öffnen, reinigen und aktivieren Sie Ihr Herzchakra (eigenständig oder mit professioneller Hilfe). Lösen Sie zuvor oder dabei Kindheits- oder Teenagerthemen auf, die für Verhärtung und Schließung des Chakras gesorgt haben könnten. Lassen Sie Durchlässigkeit und Verletzbarkeit zu. Auf diese Weise werden Sie die Essenz der Liebe erfassen können und trägen Egoismus in Selbstliebe transformieren.

Zehn Prozent sind nicht für Sie

Ein freigiebiger Geist hat keine Angst, zu kurz zu kommen. Eine freigiebige Geisteshaltung zeugt von Vertrauen in ein gerechtes kosmisches System und von dem festen Glauben, dass Schenken Freude bereitet.

Für das Praktizieren finanzieller Freigebigkeit wird gerne empfohlen, ein eigens für diesen Zweck bestimmtes Bankkonto einzurichten und zehn Prozent der Einnahmen dort einzuzahlen. Wenn Sie allerdings selbst in einer prekären finanziellen Lage sind, genügt zunächst ein freigiebiger Geist, der gerne schenkt. Sorgen Sie dafür, dass sich Ihre Finanzen bessern, dass Ihr Geschäft besser läuft, und nutzen Sie hierfür die drei Regeln und die fünf Prinzipien sowie kraftvolle Marketingstrategien, die beim IKB und der Positionierung beginnen, aber natürlich noch ein wenig weiter gehen. Geben Sie einfach von dem etwas ab, was Sie haben: Das kann zunächst Zeit oder Fachwissen sein. Sobald Sie in der Lage sind, einen Euro abzugeben, schlage ich Folgendes vor:

Übung: Das Charity-Glas

Stellen Sie sich ein großes Einmachglas irgendwo hin, schreiben Sie „Charity" oder „Spende" drauf und legen Sie einen ersten Euro hinein. Sammeln Sie Euromünzen – so lange, bis das Glas gefüllt ist. Es ist egal, wie lange Sie dafür brauchen. Wenn das Gefäß voll ist, geben Sie es samt Inhalt einer einzigen bedürftigen Person auf der Straße. Sobald Sie dieses Glas angelegt haben, hören Sie auf, Geldstücke spontan an Menschen zu verteilen, die Sie auf der Straße um eine kleine Spende bitten. Denn auf diese Weise werden Sie keinen Unterschied erwirken können. Meistens ist es in dem Moment auch gar nicht Ihre Intention, etwas zu spenden,

> *und Sie geben nur aus Verlegenheit. Das ist kein karmisch kraftvoller Akt der Nächstenliebe, sondern das Retten oder Stärken des eigenen Egos und das Vermeiden eines schlechten Gewissens. Wenn Sie jedoch so lange „Tut mir leid, heute nicht" sagen müssen, bis das Glas voll ist, macht das etwas mit Ihnen: Erstens müssen Sie jedes Mal verbal Kontakt zu den bettelnden Personen aufnehmen und zweitens werden Sie mit dem vollen Glas, diesem kleinen Vermögen, bei der einen Person, der Sie das Glas in die Hand drücken, etwas auslösen: Überraschung, Freude, Inspiration, Motivation, Zuversicht, Glaube an das Gute u. v. a. m. All das können Sie nicht erreichen, wenn Sie nur wortlos und verlegen hier und da einen Euro in Hüte oder Plastikbecher werfen.*

Ich riet Ihnen vorhin, mithilfe der karmischen Regeln und Prinzipien Ihre Einnahmen zu erhöhen, um in den Genuss des Abgeben-Könnens zu kommen. Ich möchte deshalb etwas zum Thema „Preisgestaltung" sagen.

Ihre wagemutig „spitze" Positionierung im Markt dient Ihrem Expertenstatus, der es Ihnen erlaubt, hochpreisig aufzutreten und zu verhandeln. Ihre freigiebige Haltung gibt Ihnen einen tieferen Grund dazu.

Dazu müssen Sie wissen, dass es nichts mit Freigebigkeit oder Großzügigkeit zu tun hat, wenn Sie Ihre Leistung oder Ihr Produkt auf niedrigem Preisniveau anbieten oder wenn Sie sich mit geringer Bezahlung zufriedengeben. Schrecken Sie nicht vor dem Wort „hochpreisig" zurück, wenn Ihre Leistung hervorragend ist und Ihre Produkte erstklassig. Hohe Preise sind nicht etwa ein Zeichen von Gier und Wucher, sondern ein Anhaltspunkt dafür, in welchem Stadium der Klarheit Sie sich bezüglich Ihres Könnens befinden und welcher Qualität Ihre Leistung ist.

Niedrige Preise hingegen zeugen entweder von mangelnder Qualität, mangelndem Fachwissen oder aber von Ihrer Bereitschaft, Menschen als Geschäftspartner einzuladen, die am liebsten alles geschenkt bekämen und nur zähneknirschend etwas bezahlen. Es ist außerdem eine wenig stabile Basis für eine freudvolle und dauerhafte Geschäftsbeziehung, wenn diese nur auf Ihren niedrigen Preisen basiert. Eine Niedrigpreisstrategie ist ein Marketingtool, das Sie Discountern und Anbietern von Massenware überlassen können.

Wenn Sie sich allerdings wohltätig und mitfühlend denen gegenüber verhalten wollen, die keine hohen Preise zahlen können, dann spenden Sie Ihre Leistung, Ihr Wissen, einen Teil Ihrer Produkte. Nur müssen Sie selbst erst einmal ausreichend Einnahmen generieren, um sich Wohltätigkeiten finanziell, zeitlich und energetisch erlauben zu können. Erst wenn das der Fall ist und Sie selbst nicht zu kurz kommen, können Sie kraftvoll, gütig und großzügig für andere da sein. Dann können Sie z. B. einmal im Monat einen Tag der offenen Tür mit Gratis-Service und Geschenkchen veranstalten oder auch einfach einen Teil Ihrer Einnahmen einer Hilfsorganisation überweisen. Diese Freigebigkeit, ohne dass Sie sich selbst in Ihren Möglichkeiten beschneiden, ermöglichen Sie sich durch hochpreisiges Handeln.

Niedrige Preise haben weder etwas mit Spiritualität und Großzügigkeit noch mit Warmherzigkeit zu tun. Eine Niedrigpreisstrategie ist ein Marketingtool für Massenware.

Wir alle tragen ein Phänomen in uns, das ich „Berg des Geldes" nenne. Es handelt sich dabei um ein ganz bestimmtes Gefühl. Dieser Berg hat unterschiedliche „Vegetationszonen": An seinem Fuße ist das Geld knapp und auf dem Gipfel gibt es Geld im Überfluss. Dazwischen befinden sich verschiedene Abstufungen. Je nachdem, in welcher Vegetationszone wir uns aus unserer Prägung, unserer persönlichen Entwicklung oder unseren tief verwurzelten Überzeugungen heraus befinden, bietet sich uns ein Umfeld, das wir entweder genießen, verschmähen oder ignorieren, und wir tragen dabei gleichzeitig eine bestimmte Geldgrenze in uns. Wollen wir in die nächste monetäre Vegetationszone aufsteigen, werden wir uns an eine neue Flora gewöhnen und einen Teil des uns Vertrauten hinter uns lassen müssen. Dieser Aufstieg gelingt allerdings erst dann, wenn Ihnen bewusst ist, wo Sie gerade stehen und warum, und wenn Sie diesen Platz dankbar zu schätzen wissen und dennoch bereit sind, ihn zu verlassen. Nur dann können Sie selbstbewusst eine Gehaltsverhandlung führen, die zu Ihren Gunsten ausfällt, und Preise verlangen, die es Ihnen erlauben, Lösungen für weniger Menschen anzubieten, dafür auf höherem und intensiverem Niveau, und dabei Ihrem persönlichen Berggipfel näher zu kommen.

Übung: Berg des Geldes

Zeichnen Sie ein Dreieck. Dieses Dreieck ist Ihr innerer Berg. Unten steht die Null. Oben steht die Zahl, die Ihnen einerseits hoch vorkommt, die Sie andererseits aber auch liebend gerne jährlich einnehmen würden, um sich Ihren idealen Lebensstil zu ermöglichen. Denken Sie dabei an die Förderung Ihrer Interessen und Talente, an Hochwertigkeit bei Ernährung, Kleidung und Geräten und an das freudvolle Bezahlen von Komfort und Service. Denken Sie an die zehn Prozent, die Sie mühelos spenden, und die Großzügigkeit, die Sie anderen zugute kommen lassen können. Spüren Sie, bei welcher „Gipfel-Zahl" Sie innerlich stehen bleiben und bei der Sie sich so selbst ein Limit setzen. Wie fühlt es sich an, wenn Sie diese individuelle Gipfel-Zahl hinten um eine Null ergänzen? Wenn statt 50.000 Euro plötzlich 500.000 Euro dort stehen? Können Sie sich vorstellen, was es bedeutet und wie es sich anfühlt, eine halbe Million im Jahr einzunehmen? Welche Sätze kommen Ihnen in den Sinn? Woher stammen sie? Sind es ermutigende Sätze oder Sätze, mit denen Sie sich vorsichtshalber klein halten?

Mit höherem Verdienst geht auch die karmische Pflicht einher, in höherem Maße andere teilhaben zu lassen. Wenn Sie im Jahr 80.000 Euro netto verdienen, wandern zehn Prozent, also in diesem Fall 8.000 Euro, in Spenden. Dieses Geld sollten Sie dann parat und nicht für sich selbst ausgegeben haben. Sind Sie dazu bereit?

Fallbeispiel: Ich selbst

Vor einigen Jahren sah ich bei einer lieben Kollegin, dass sie für ihre Coachings das Dreifache von meinen eigenen Preisen verlangte. Das inspirierte mich dazu, kurzerhand die

> *meinen entsprechend nach oben anzugleichen, mit dem Er-*
> *gebnis, dass es für mich prompt nicht funktionierte. Sie war*
> *mir einfach glatte drei Vegetationszonen voraus, die ich der*
> *Einfachheit halber lässig hatte überspringen wollen. Doch so*
> *funktioniert es eben nicht. Jede einzelne Zone wollte von mir*
> *achtsam durchquert und wertgeschätzt werden. Dankbar-*
> *keit ist ein großartiges Vehikel, um in unseren individuellen*
> *Bergregionen vorwärtszukommen.*

Dass wir uns langsam der nächsthöheren Zone nähern, mer-
ken wir daran, dass es uns plötzlich leichter fällt, uns selbst
etwas Höherpreisiges zu gönnen. Aus dem gewohnten
Drei-Sterne-Urlaub wird dann beispielsweise ein Aufenthalt
im Vier-Sterne-Plus-Resort. Aus dem Konsum kostenfreier
Onlinetutorials wird eine bezahlte Weiterbildung mit per-
sönlichem Coach und aus dem Billigtarif wird ein teurerer
Tarif mit mehr Service, mehr Leistung, mehr Beinfreiheit.
Das heißt nicht, dass Sie all das ab jetzt auch immer so in
Anspruch nehmen müssen und sich stetig in Ihrem eigenen
Luxus steigern, und vor allem heißt das nicht, dass Sie plötz-
lich verschwenderisch werden sollen. Großzügigkeit und
Verschwendung sind zweierlei.

Entscheidend ist, dass Sie zunächst die innere Bereitschaft
für ein neues Bezahl-Parkett in sich spüren und diese neue
Bereitschaft hin und wieder oder wenigstens einmal in unterschiedlichen Bereichen erleben. Wer sollte diese Annehm-
lichkeiten denn sonst genießen, wenn nicht Sie? Sobald Sie
selbst bereit sind, mehr Geld in Ihren Komfort, Ihr Stilempfin-
den, Ihre Freude am Genuss und Ihren Spaß zu investieren,
können Sie auch mühelos und glaubhaft Ihren Preis erhöhen

und Menschen mit Ihrer Leistung oder Ihrem Produkt dienen, die Sie für Ihr Expertentum gut und gerne bezahlen.

> Ersparnisse sind kein Notgroschen. Sie heißen „Wohlstand".

Wenn es um das Erhöhen der eigenen Preise oder um eine Gehaltsverhandlung geht, gelangen wir ruckzuck an eine unbewusste Blockade. Manch einer geht in das Gehaltsgespräch mit einer inneren Bockigkeit und einer pubertären „Ich will aber"-Haltung. Diese Einstellung wird Ihnen kein höheres Gehalt bescheren, da Sie Ihre innere Vegetationszone noch nicht vollständig oder nicht achtsam genug durchquert haben. Bei Selbstständigen höre ich auch sehr oft die Ausrede, dass hohe Preise unfair denen gegenüber seien, die sie eben nicht zahlen könnten, bzw. dass am Markt eben andere Preise üblich seien. Hier werden andere als Grund genannt, um die nächste finanzielle „Bergregion" nicht erklimmen zu müssen. Verstehen Sie mich nicht falsch: Mitgefühl und Marktverständnis sind gut, doch nur, wenn sie richtig verstanden werden.

Wie also erhöhen Sie Ihre Preise? Dieser Aktion muss ein anderes Tun vorausgehen: Sie müssen Ihr Produkt oder Ihren Service um mindestens einen Aspekt verbessern oder umfangreicher machen. Auch will sich eine Preiserhöhung in Ihrem Stil und Ihrer Optik widerspiegeln. Es muss spürbar sein, dass Ihnen am Wohl Ihrer Kunden gelegen ist und dass Sie einen inneren Wandel vollzogen haben. Stellen Sie außerdem klar, mit welchem emotionalen Ergebnis Ihr Kunde durch einen Kauf bei Ihnen oder eine Zusammenarbeit mit Ihnen felsenfest rechnen kann. Fühlt sich Ihr IKB schöner, erleichtert, ermutigt, fit oder erfolgreich?

Das Thema Geld, Gehalt und Preise ist eng an unsere Urängste gekoppelt: Wir fürchten uns vor einem Nein oder davor, verhöhnt zu werden, und wir fürchten, jemandem mit einer größeren „Bescheidenheit" den Vortritt, den Job oder die Kunden überlassen zu müssen. Diese Ängste sind verständlich. Allerdings treten sie nur dann auf, wenn Sie sich mit jemandem vergleichen. Die gute Nachricht: Dieser Jemand befindet sich immer in einer anderen Expertennische oder in einer anderen finanziellen Wohlfühlzone und eignet sich allein schon deshalb nicht als Vergleich.

Gelassenheit in allen Situationen

Wir alle kennen diese Momente, die unsere Nerven und unsere Geduld arg strapazieren und in denen wir uns fragen: Ist das jetzt ein Test? Sind das Prüfungen von „ganz oben"? Keinesfalls. Das, was „oben" ist, was „Gott", „höheres Selbst" oder „göttliches Universum" genannt wird, ist nicht daran interessiert, uns zu prüfen. Wozu auch? Etwa weil er/es doch nicht so vollkommen und großartig ist und möglicherweise einen Fehler gemacht hat und diesen nun beheben will? Das ist doch blanker Unsinn.

Wenn uns etwas nervt, stresst oder aus der Balance wirft, liegt es daran, dass wir es zugelassen haben, unausgeschlafen oder unausgeglichen zu sein. So etwas passiert eben. Ein Spaziergang in der Natur, ein Nickerchen, gutes Essen aus ökologischem Anbau, ein Hobby – eben das, was Ihnen Ihr Arzt auch rät – sorgt dafür, dass Sie in der Balance sind.

Ich füge hier immer noch gerne die Meditation hinzu: zehn Minuten achtsames Gehen oder stilles Sitzen mit dem gedanklichen Fokus auf der Lücke zwischen den beiden Wörtern „Vertrauen" und „Liebe". Zwischendurch beobachten Sie Ihren Atem. Sie beginnen die Meditation mit der Frage: „Was muss ich heute wissen und tun?" und überlegen nicht weiter, sondern denken die beiden Wörter und vergrößern das Vakuum zwischen ihnen. Atemzug um Atemzug. Machen Sie sich das zur Gewohnheit. Sie werden sehr bald ganz klare intuitive Antworten bekommen. Folgen Sie ihnen! Egal was Ihre Intuition Ihnen rät – tun Sie's. Fehlentscheidungen gibt es nicht. Der Samen, den Sie bereits gesät haben, geht so oder so auf.

Dabei ist jede unangenehme Situation ein Geschenk. Ich gebe zu, dass es alles andere als hübsch verpackt daherkommt. Es ist kein Präsent, das wir uns zuvor gewünscht hätten. Wer wünscht sich schon Stress? Doch jede Krise beinhaltet etwas Wertvolles, einen Schatz. Dieser ist enorm gut versteckt und nicht gleich ausfindig zu machen.

Eine niederschmetternde Diagnose, der Verlust eines geliebten Menschen, die Flucht aus der Heimat, Ablehnung, Existenzangst, Vernachlässigung, Gewalt – die persönlichen Katastrophen dieser Erde sind mannigfaltig. Doch offenbar will das Leben es so. Offenbar sind sie notwendig. Notwendig, um Botschaften zu übermitteln und Möglichkeiten zu schenken. Durch Schicksalsschläge werden wir gezwungen, Hilfe anzunehmen oder jemandem Hilfe anzubieten. Durch sie werden wir vor die Wahl gestellt, demütig zu werden oder den Weg der Verzweiflung zu wählen. Sie ermöglichen es uns, Kleinigkeiten schätzen zu lernen und das Phänomen der Hoffnung zu erleben. Und wir bekommen die Gelegenheit, jemanden zu verurteilen oder ihm eine zweite Chance zu geben.

Diese kruden Botschaften des Lebens sind mitunter nur mit einer gehörigen Portion Engagement und Eigeninitiative zu verstehen, weil sie obendrein meist noch verschlüsselt angeliefert werden. Dennoch dürfen sie als zwar heftige, aber gleichwohl liebevolle Aufforderungen angesehen werden, die Reise nach innen anzutreten. Und wenn wir uns auf diese Reise begeben – sei es professionell begleitet oder auf eigene Faust –, dann kreuzt nach kurzer Zeit schon ein neuer Botschafter namens „Wut" unseren Weg. Dann werden wir uns der Ungerechtigkeit dieser Welt und unserer eigenen Hilflosigkeit bewusst, sind genervt von der Nonchalance unserer Politiker, verfluchen das Unvermögen unseres Chefs, das Unwissen unserer Vorfahren, die Dummheit der anderen und die Grausamkeit, zu der die Menschen fähig sind. Dann fragen wir uns etwa:

- Warum?!

- Was soll das?!

- Wie kann man nur?!

- Was soll daran gut sein?!

- Warum lässt Gott das zu?!

- Warum ich?!

- Was habe ich bloß falsch gemacht?!

Solange da ein verständnisloses, empörtes Ausrufezeichen hinter dem Fragezeichen steht, bleibt die Wut und lässt keinen Frieden zu – weder im Innen noch im Außen. Erst wenn wirkliches Interesse an einer klärenden Antwort besteht, eröffnet sich die Chance, diese Antwort auch zu bekommen und Frieden zu finden. Solange wir aber gegen das katastrophale Geschenk wüten, es ablehnen und mit ihm hadern, zeigt sich dies auch im Außen: in Form von Aggression, Konflikt, Unsicherheit, Flucht, Unglück, Grausamkeit und Schmerz.

Jeder, dem ernsthaft daran gelegen ist, in einer friedvollen und erfreulichen Welt zu leben, wird nicht umhinkommen, engagiert und unbeirrt die Reise nach innen anzutreten und sich selbst zu reflektieren oder mutig reflektieren zu lassen. Das Leben schenkt uns unangenehme Situationen, damit wir unsere Wut-Fragen entwickeln und die Chance nutzen, versöhnliche Antworten in uns selbst zu finden. Urteilen Sie nicht vorschnell über das Erleben einer kraftraubenden Lage. Die Gefühle, mit denen Sie diese wahrnehmen, sind der zuvor von Ihnen angelegten Saatqualität geschuldet. Es ist, wie es ist. Nun haben Sie die Möglichkeit, etwas Gutes daraus entstehen zu lassen.

Checkliste

✓ Kennen Sie Ihren IKB?
✓ Sind Sie sich Ihrer Unverwechselbarkeit bewusst?
✓ Können Sie einen Expertenstatus kreieren durch Vorträge, Interviews, Buchveröffentlichungen?
✓ Haben Sie eine Idee, wie Sie sich freigiebiger verhalten können?
✓ Ist Ihnen Ihr „Berg des Geldes" vertraut?
✓ Sind Sie bereit, Gelassenheit walten zu lassen?

Sorgfalt in diesem Bereichen führt zu Vereinfachung.

Auf den Punkt gebracht

Ein Berufsalltag/Geschäft, der/das auf den karmischen Erfolgsprinzipien basieren soll, erfordert das Skizzieren der Personen, mit denen Geschäfte abgewickelt werden sollen, eine scharfe Positionierung in der Firma/im Markt, eine starke Persönlichkeit und einen ethischen Umgang mit den Einnahmen.

Gängige Probleme und deren Lösung

Auf den folgenden Seiten finden Sie ein paar gängige Geschäftsprobleme sowie deren Lösung. Sollte Ihr Problem sich nicht finden, so schreiben Sie es auf, notieren Sie den wahrscheinlichen Ursprung, so wie Sie es aus dem bisher Gelesenen ableiten können, und lassen Sie aus Ihrer Intuition heraus die Lösung wachsen. Diese wird sein:

- freigiebiger denken
- mehr Bereitwilligkeit beim Tun
- fürsorglicher agieren
- liebevoller über andere sprechen
- bewusster und achtsamer handeln
- anderen mehr Respekt zollen
- bei der Wahrheit bleiben
- penibel den Besitz anderer respektieren
- meditieren
- wertschätzender kommunizieren

Für jedes berufliche/geschäftliche Problem gibt es eine strategische und eine karmische Lösung. Beachten Sie immer beide und agieren Sie karmisch vorausschauend.

Nicht genug Kunden

Wie würden Sie denken, wenn Sie lediglich einen einzigen Kunden/Auftraggeber hätten, dieser allerdings so viel für Ihr professionelles Tun bezahlt, dass damit Ihr ideales Jahreseinkommen abgedeckt wäre? Es kommt nicht auf die Menge an Kunden an, sondern auf Ihre Preisgestaltung. Bei niedrigen Preisen brauchen Sie natürlich viele Abnehmer, müssen viel Akquise betreiben, viel Werbung schalten und viel tun. Und Sie sind darauf angewiesen, auch mit Kunden zu arbeiten, die Ihnen zwar Geld in die Kasse spülen, aus energetischer Sicht aber überhaupt nicht zu Ihnen passen und für wenig freudiges Gedankengut sorgen.

Wann immer Sie das Gefühl von „zu wenig" umtreibt, liegt eine Grundtendenz der Zurückhaltung zugrunde, die in unterschiedlichen Lebensbereichen ihren Ursprung haben kann:

- Sie halten sich als Persönlichkeit zurück und lassen anderen den Vortritt. Lernen Sie, für sich einzustehen und für Ihr Wohl zu sprechen.

- Sie halten sich spirituell zurück und verzichten auf Gebet, Meditation und Danksagung.

- Sie halten Geld für den Notfall zurück (der übrigens nur dann eintritt, wenn er in „weiser" Voraussicht erwartet und schon säuberlich vorbereitet wird).

- Sie halten sich sexuell zurück, fürchten sich vor Hingabe und halten Ihre Lust im Zaum.

- Sie halten Ihre Marketingaktivitäten zurück und verzichten auf aktive ethische Vermarktung Ihres Angebots.

- Sie halten sich in der Preisgestaltung zurück, um nicht unangenehm aufzufallen.

Ihr kreatives Saatgut schöpft also nicht in allen Bereichen und auf allen Ebenen aus den Vollen.

Karmische Lösung: Seien Sie zunächst selbst ein guter Kunde. Feilschen Sie nicht. Bezahlen Sie prompt und nicht erst kurz vor dem Ende der Zahlungsfrist oder erst, wenn die Mahnung hereinflattert. Zahlen Sie gerne und bereitwillig, sobald Sie können.

Aufgabe: Definieren Sie Ihren IKB, richten Sie Ihr Marketing entsprechend aus, seien Sie aktiv in den sozialen Netzwerken, wenn sich Ihre Kundschaft hier aufhält, stecken Sie zehn Prozent Ihres Einkommens in die stetige Verbesserung Ihres Angebots, bilden Sie sich weiter, positionieren Sie sich als Experte mit unorthodoxen Inhalten und lösen Sie alle Blockaden, die es Ihnen erschweren oder verbieten, sich zu zeigen. Arbeiten Sie freiwillig mit „gläsernen Wänden" und stellen Sie bereitwillig Insiderinformationen zur Verfügung, um das Vertrauen Ihres IKB zu verdienen (nicht etwa zu „gewinnen").

Bekanntheitsgrad und Sichtbarkeit sind seit jeher wichtige Aspekte eines jeden Geschäftsmodells. Wir befinden uns in einem Zeitalter der Onlinevernetzung und der Transparenz. Menschen möchten sich über das, wofür sie Geld ausgeben, im Vorfeld informieren können. Sie wollen die Inhaltsstoffe, die Zutaten, die Herangehensweise, die Produktionskette und die Menschen dahinter sehen und verstehen, bevor sie eine Entscheidung zum Kauf treffen.

Zu wenig Einnahmen

Ich finde es wichtig, sich in den Momenten des gefühlten Mangels mit dem Präsens auseinanderzusetzen und ins Hier und Jetzt zu kommen. In diesem einen Moment des Lesens brauchen Sie kein Geld. Bitte machen Sie sich die Magie der Gegenwart bewusst. Wenn Sie Geldmangel erleben, hilft Ihnen das Prinzip der Leerheit, um eine Stufe weiterzukommen. Was sich für Sie wenig anfühlt, ist für jemand anderen, den Sie nicht kennen, viel. Sehen Sie sich um: Sie haben Besitz. Diese Kleinkrämerei ist das Beste, was Sie tun können, so übertrieben Ihnen das auch vorkommen mag.

Wenn Sie eine Rechnung begleichen wollen und feststellen, dass Ihr Konto nicht gedeckt ist, werden Sie dennoch tätig und rufen Sie die Menschen und Firmen an, deren Rechnung Sie gerade nicht begleichen können. Widmen Sie ab sofort jede einzelne Ihrer täglichen Handlungen dem Erwirtschaften von Geld und nutzen Sie jede einzelne Einnahme sofort zum Begleichen der bisher entstandenen Schulden. Und nennen Sie Geld beim Namen und nicht etwa Kohle, Asche, Knete oder Schotter.

Karmische Lösung: Wenn Sie sich finanziell frei und unabhängig fühlen wollen, ist Ihre Integrität und Aufrichtigkeit von großer Bedeutung. Das betrifft nicht nur Ihr Berufsleben, sondern auch den Privatbereich. Stehen Sie zu dem, was Sie sagen. Seien Sie ein Partner, ein Elternteil, ein Freund, auf den man sich hundertprozentig verlassen kann. Machen Sie niemals leere Versprechungen oder Zusagen aus einer Verlegenheit heraus. Ich gebe zu, es ist nicht leicht, Verlässlichkeit mit Freude zu leben, wenn auf andere kein Verlass ist. Doch es geht um Sie. Sie stellen die Weichen für Ihre Erlebnisse.

Und die Unzuverlässigkeit anderer ist nichts weiter als ein Erlebnis, das zuvor kreiert wurde.

Respektieren Sie auch unbedingt den Besitz von anderen. Es sind gerade die kleinen, scheinbar unbedeutenden Schummeleien zu Ihren Gunsten, die sich karmisch ungünstig auswirken – egal ob Sie versuchen, Ihr Kind umsonst mitfahren zu lassen, obwohl es ein Ticket bräuchte, oder fünf Orangen abwiegen und danach eine sechste hinzufügen. Und jetzt kommt etwas, das Sie für enorm unnötig und unbequem halten werden: Schummeln Sie nicht bei Ihrer Steuer. Seien Sie penibel, spießig und korrekt. Sie haben die Familie zum Essen eingeladen? Dann setzen Sie das nicht ab. Agieren Sie freigiebig und aufrichtig – auch in diesem Fall. Und vermeiden Sie es, sich über Dinge, Situationen und Personen zu beklagen. Denken Sie an das Prinzip der Leerheit. Inspiration: Versuchen Sie, 24 Stunden ohne eine einzige Klage, ohne eine einzige Beschwerde auszukommen.

Aufgabe: Fokussieren Sie sich mental auf das freudige Erwirtschaften von Geld, nicht auf das Bezahlen-Müssen von Rechnungen. Um Ihre finanzielle Situation in den Fluss zu bringen, ist es wichtig, dass Sie wissen, was genau Sie mit den angestrebten Mehreinnahmen machen wollen. Wollen Sie lediglich die Rechnungen pünktlich bezahlen oder etwas erneuern, das gerade kaputt gegangen ist? Wenn dies so ist, findet hier kein karmischer Gedanke der Freude statt! Eher schon, wenn Sie darüber hinaus in sich investieren wollen. Möchten Sie vielleicht mit der Familie verreisen? Wie genau muss Ihr Jahr aussehen, wenn es Ihrem Geschmack, Ihren Bedürfnissen und Ihrem Stil entsprechen soll? Rechnen Sie sich aus, was das kostet, und prüfen Sie, ob die bestehende Kundschaft diese Summe theoretisch einbringen könnte.

Entscheiden Sie daraufhin, ob Sie Ihr Marketing neu strukturieren oder eine neue Klientel ansprechen wollen, welche
ggf. gewillt ist, höhere Preise zu zahlen.

Starke Einnahmenschwankungen

Manchmal verdienen Sie in einem Monat fünfstellig und
dann einen ganzen Sommer lang gar nichts. Sie können
sich nicht auf ein regelmäßiges Einkommen verlassen und
geraten dadurch immer wieder in Selbstzweifel. Wenn Ihre
strategische Ausrichtung stimmt (IKB-Marketing, Positionierung etc.) und Sie dieses Phänomen dennoch erleben, dann
ist ein karmisch kraftvoller, ungewöhnlicher Akt notwendig.

Karmische Lösung: Es wird Personen in Ihrem Umfeld
geben, die es Ihnen ermöglicht haben, da zu stehen, wo
Sie jetzt sind. Das kann wohlwollend geschehen sein, aber
auch durch widrige Umstände. Jetzt ist jedenfalls die Zeit
für Payback. Teilen Sie einen Teil Ihrer Einnahmen mit den
Menschen, die Sie in der Vergangenheit in irgendeiner Form
unterstützt, Ihnen das Leben erleichtert oder Sie in welcher
Weise auch immer weitergebracht haben, und tun Sie dies
bereitwillig. Es muss sich nicht um ein Vermögen handeln.
Die Menge ist egal. Ein Geschenk ist fein, eine Einladung
zum Essen, ein Gutschein, … Lassen Sie sich etwas einfallen,
und zwar exakt zu diesem Zweck. Behalten Sie diese Attitüde bei. Bleiben Sie kontinuierlich darin, andere teilhaben und
wissen zu lassen, dass Ihnen der Support nicht entgangen
ist. Kontinuität erschafft Kontinuität.

Aufgabe: Gewöhnen Sie sich eine Routine an, die Sie kontinuierlich verfolgen. Beginnen Sie damit, nach dem Auf-

wachen zu danken: für das, was Sie bereits erlebt haben (egal welcher gefühlten Qualität es war), für die Dinge, die Sie bisher haben besitzen und nutzen dürfen, für die Inspirationen, die Ihnen von außen gegeben werden, die Impulse, die aus Ihrem Inneren kommen, und für die Dinge, die Sie heute erleben werden. Schaffen Sie zeitlichen Raum für eine tägliche Meditation. Ernähren Sie sich in herausragender Qualität, denn Ihr Körper ist Ihr Tempel. Verbringen Sie Zeit in der Natur und achten Sie auf Details. Stellen Sie sich an einen Baum, legen Sie Ihre Arme um den Stamm und verbinden Sie sich gedanklich mit dem kontinuierlichen Wachstumsprozess dieser Pflanze.

Finanzielle Probleme

Sie erleben, dass Sie zwar stets ausreichend Geld einnehmen, dass Sie Ihre Einnahmen dennoch nicht zu Ihrer Freude nutzen können. Entweder es gehen Wasch- und Spülmaschine in derselben Woche kaputt oder Sie bekommen Zahlungsaufforderungen, mit denen Sie nicht (mehr) gerechnet haben. Dass manch einem das Geld durch die Finger rinnt, ohne dass ein exorbitant verschwenderischer Lebenswandel stattfindet, ist immer wieder zu beobachten. Es scheint fast so, als wolle das Geld nicht bleiben. Geld ist Energie. Es ist eine manifestierte Tauschidee, die sich in Zahlen, Papier und Metall ausdrückt, und es ist nichts, das sich im Alltag als praktisches Utensil oder Nahrungsmittel nutzen ließe. Für das tägliche Leben ist Geld unbrauchbar. Es dient nur zum Tauschen gegen etwas Brauchbares. Wenn Sie nun mit all Ihrer (Arbeits-)Kraft Geld zu sich hinziehen, in Ihnen aber eine unbewusste Haltung existiert, die Geld wieder abstößt, passiert eben genau das.

Karmische Lösung: Neiden Sie nicht. Interessanterweise wird Geld von der Energie des Neides abgestoßen.

Das Positive am Neid ist allerdings, dass er uns aufzeigt, was realistischerweise auch für uns erreichbar ist, sofern wir uns voll und ganz darauf konzentrieren. Dinge, die wir für uns niemals beanspruchen würden, übersehen wir in der Regel oder reagieren nicht weiter emotional.

Nutzen Sie also diesen unsanften Hinweis Ihres Gefühlsspektrums und fangen Sie an, für diese Reise (dieses Auto, diese Tasche, dieses Seminar, …) zu sparen. Beginnen Sie, Ihre eigene PR anzuwerfen, damit auch Sie in den Genuss kommen, ganzseitige Features in der Tagespresse zu erhalten.

Wirklich kraftvoll ist es, sich mit der Person, die ihre tollen Momente postet oder Ihnen davon erzählt, zu freuen, und zwar aus tiefstem Herzen. Freuen Sie sich, dass Ihnen etwas gezeigt wird, das für Sie schon fast greifbar ist. Damit kreieren Sie eine karmische Saat, die es Ihnen erleichtert, Geld bei sich zu halten und zu vermehren, um es dann wiederum in schöne Erlebnisse umzuwandeln.

Aufgabe: Legen Sie zusätzlich zu dem „Charity-Glas" ein „Luxus-Glas" an.

Kooperationen kommen nicht zustande

Dass Kooperationen nicht stattfinden, liegt nicht an der Unzuverlässigkeit Ihres Geschäftspartners. Ob Kooperationen stattfinden oder nicht, hat immer mit Ihrer Ausstrahlung zu tun, sprich: mit dem, was Sie an Signalen aussenden, und damit, ob Ihr Gegenüber dem Profil Ihres IKB entspricht. Was wir in uns tragen, geben wir nach außen ab. Tragen wir Zweifel, Zurückhaltung, Stress, Hetze oder Druck in uns, vermitteln wir genau das. Strahlen wir Klarheit, Verbindlichkeit, Fröhlichkeit und Gelassenheit aus, finden auch entsprechend passende Kooperationen statt, sofern der Kooperationspartner nach bereits genannten Gesichtspunkten weise ausgewählt wurde.

Karmische Lösung: Integrität ist Trumpf. Achten Sie darauf, dass Sie jederzeit zu Ihrem Wort stehen oder, wenn Sie unsicher sind, ob das geht, Ihr Wort gar nicht erst geben. Sie müssen absolut verlässlich sein, wenn Sie verlässliche Geschäftsverbindungen eingehen wollen. Wenn Sie nicht hundertprozentig etwas zusagen können, dann nennen Sie die Einschränkung und sagen Sie die Wahrheit.

Aufgabe: Überarbeiten Sie noch einmal Ihr Konzept des idealen Businesspartners. Steht da, dass er auf jeden Fall verlässlich sein soll? Ist irgendwo in Ihrem Onlineauftritt erwähnt, dass Sie Verlässlichkeit sehr schätzen? Bieten Sie einen verlässlichen Service an? Sind Ihre Produkte verlässlich? Geben Sie eine Garantie? Steht das irgendwo? Wenn nicht, dann fügen Sie diese Information hinzu. Wer auf Ihrer Seite mehrmals dieses Wort liest, wird entsprechend mit Ihnen umgehen.

Unpassende Klientel

Ganz egal ob Sie in einen Streit involviert sind oder eine Zwistigkeit in Ihrer Gegenwart stattfindet: Sie scheinen

Disharmonie anzuziehen. Dies geschieht aus einem ganz bestimmten Grund: Sie sollen etwas lernen. Und zwar, dass Sie in der Vergangenheit, die durchaus sehr, sehr lange zurückliegen kann, Dinge gesagt haben, die nicht fair, nicht nett, nicht liebevoll und schon gar nicht weise waren. In diesem Moment waren Sie vielleicht emotional instabil und wütend oder frustriert, unausgeschlafen und unausgeglichen. Vielleicht ging es Ihnen auch darum zu „gewinnen" und „Recht zu behalten". Wie auch immer – Sie haben für einen Moment nicht auf sich achtgegeben, wurden reizbar und haben ausgeteilt. Nun ist die Zeit gekommen, alle Scherben wieder einzusammeln. Achten Sie darauf, mit wem Sie arbeiten und mit wem Sie Ihre Zeit verbringen. Ständig einer Meinung zu sein, ist unwichtig. Es sind die Werte, die für ein harmonisches Miteinander übereinstimmen müssen.

Karmische Lösung: Achten Sie ab sofort ganz genau darauf, Dinge zu äußern, die für Harmonie und Liebe sorgen. Vermeiden Sie es, etwas zu sagen, das Menschen voneinander trennt. Wenn schlecht über eine abwesende Person gesprochen wird, halten Sie sich zurück oder sagen Sie etwas, das diese Person wieder näher in den Kreis der Anwesenden bringt.

Aufgabe: Erarbeiten Sie das Idealprofil oder passen Sie es um einige Details an. Begeben Sie sich auf die Suche nach idealen Kunden/Geschäftspartnern, die Ihnen eine Freude sind und für die Sie eine Bereicherung darstellen.

Fehlentscheidungen

Wir alle machen Fehler und wir alle erleben die Konsequenzen. Das bedeutet nicht, dass die Entscheidung falsch war. Was uns wie ein Fehler vorkommt, weil uns die Situation, die entstanden ist, anstrengt, ist völlig richtig so, wie es ist.

Sie haben etwas kreiert, das Ihnen nicht gefällt, und nun möchten Sie wissen, was zu tun ist, damit sich wieder Leichtigkeit und Frohsinn einstellen.

Karmische Lösung: Sprechen Sie die Wahrheit aus. Fehlentscheidungen, sprich: Entschlüsse, für die Sie sich selbst kritisieren, basieren darauf, dass Sie in vergangenen Momenten manchen Menschen gegenüber ignorant waren, die etwas für Sie getan haben (Postbote, Kurier, Sekretärin, Praktikant, ...), sowie in manchen Situationen die Wahrheit geschönt oder verheimlicht haben. Als Beispiel möchte ich Ihnen erzählen, dass meine drohende Insolvenz damals für mich eine große Belastung war und ich mich ob meiner desaströsen Finanzlage so sehr geschämt habe, dass ich alles daran gesetzt habe, dies zu verheimlichen. Zweifel und Selbstzweifel wuchsen und ich hatte das Gefühl, alles, was ich anpackte, falsch zu machen. Ich stritt viel mit Menschen, die ich liebe, wusste nicht, ob ich meine Selbstständigkeit aufrechterhalten oder mich wieder fest anstellen lassen sollte, und stellte alle Entscheidungen, die ich traf, infrage. Meine Erfahrung ist, dass Dankbarkeit einen Hebel umlegt.

Aufgabe: Drücken Sie Dankbarkeit aus, wann immer Sie können. Sitzen Sie fünf bis zehn Minuten still und denken Sie darüber nach, wer Ihnen jemals etwas Gutes hat zuteilwerden lassen. Senden Sie gedanklichen Dank an diese Person oder sagen Sie es ihr am Telefon. Sie werden Stück für Stück den Mut finden, Wahrheiten über sich ans Licht kommen zu lassen. Als ich mich überwunden hatte, in Interviews über diese Zeit zu sprechen, und ab da offen mit der damaligen Misere umging, wuchs mein Selbstvertrauen wieder und meine Entschlussfreudigkeit war größer denn je. Das drückte sich auch in meinem Auftreten aus, und das wiederum hatte eine positive Wirkung auf Honorarverhandlungen. Schließen Sie Frieden mit Ihrer Entscheidung, denn das, was Sie erleben, ist lediglich ein Teil Ihrer Ernte. Sie hätten dieses Gefühl, diese Wahrnehmung so oder so ernten müssen. Nun schauen Sie nach vorn und säen Sie neu.

Sich etwas nicht leisten können

Gehen Sie zunächst in ein Gefühl der Fülle und hören Sie auf zu denken, Sie könnten sich etwas nicht leisten. Mit einem solchen Denken kreieren Sie nämlich eine sich selbst erfüllende Prophezeiung. Allein dieser Gedanke schlägt Ihnen alle Türen zu. Gehen Sie davon aus, dass Sie sich leisten können, was immer Ihnen gefällt, und dass Sie zum jetzigen Zeitpunkt nur noch nicht wissen, was zu tun ist, um das Geld aufzubringen.

Meine Erfahrung hat mich gelehrt, dass Möglichkeiten, Kontakte, Mittel etc. dann verfügbar, greifbar und sichtbar werden, sobald eine Entscheidung getroffen wurde – vielleicht nicht direkt am darauffolgenden Tag, aber das muss ja auch nicht sein. Beispiel 1: Ich wollte in Kanada eine Wohnung, die aber bereits jemand anderem zugesprochen war. Einzige eher unwahrscheinliche Chance: der Scheck, den die andere Person als Kaution eingereicht hatte, platzt.

Ich verließ mich darauf und beendete die Wohnungssuche. Zwei Tage später bekam ich das Apartment zugesprochen. Beispiel 2: Eine Klientin von mir konnte sich zunächst unsere Zusammenarbeit nicht leisten. Sie sagte, dass sie trotzdem unbedingt mit der ersten Sitzung beginnen will und mir das Geld alsbald überweist. Zwei Wochen später bekam sie eine Rückerstattung von Ihrem Stromanbieter und konnte zahlen. Erst die Entscheidung, dann die Möglichkeit.

Karmische Lösung: Ihre Saaten gehen gerade auf. Heißen Sie das willkommen, denn die Früchte dieser Saat brauchen Sie jetzt nicht mehr zu fürchten. Das ist doch gut! Machen Sie etwas daraus. Wenn Ihnen jetzt einfällt, dass Sie in der Vergangenheit jemandem das Leben erschwert, z.B. die anstehende Beförderung versalzen haben, so vergeben Sie sich selbst und verhelfen Sie umgehend mit einsichtiger, demütiger Attitüde und vollem Einsatz jemandem dazu, das zu erreichen, was er sich wünscht. Jemandem zuerst zu dessen Ziel zu verhelfen, ist das treffsicherste Mittel, um selbst etwas zu finden oder zu erreichen.

Aufgabe: Steigern Sie Ihre Einnahmen, indem Sie sich auf das Erwirtschaften von Geld fokussieren, entsprechend professionell und unternehmerisch auftreten, Ihre Produkte/Dienste um eine Besonderheit anreichern und Ihre Preise anpassen, und machen Sie folgende Übung zur Tagesroutine:

Übung: Füllhorn

Stellen Sie sich hin und tun Sie so, als hätten Sie einen großen Behälter, ein Füllhorn, im Arm. Neben Ihnen steht eine imaginäre Tonne, die randvoll ist mit allem, was Sie haben möchten – auch mit einer Auswahl idealer Räumlichkeiten. Greifen Sie in die Tonne, ziehen Sie eins nach dem anderen heraus und werfen Sie es mit Wucht in das Füllhorn. Machen Sie das so lange, bis Ihre Arme ermüden und Ihnen nichts mehr einfällt, was Sie gerne hätten oder gebrauchen könnten. Jetzt heben Sie das Füllhorn mit beiden Händen hoch und leeren es über sich aus. Stellen Sie sich vor, dass alles, was Sie hineingeworfen haben, an Ihnen festklebt. Genießen Sie diesen Moment der Fülle.

Unzuverlässige Geschäftspartner

Vielleicht kennen Sie das: Ihnen wurde die Begleichung Ihrer Rechnung bis Mitte des Monats zugesagt und nun sind vier weitere Wochen vergangen, ohne dass Ihnen Ihr Geld überwiesen wurde. Es kann auch sein, dass Sie zu zweit ein Geschäft betreiben und Ihre Geschäftspartnerin erledigt ihren Teil nicht so, wie es vereinbart war.

Karmische Lösung: Tun Sie die Dinge mit Freude und Bereitwilligkeit, machen Sie diese Dinge, so gut Sie können, und erkennen Sie die Werke und Errungenschaften der Sie umgebenden Personen an. Geben Sie, bevor Sie einfordern. Verstehen Sie, dass Ihre Sichtweise eine andere ist als die der anderen Person. Ihre Wahrnehmung ist die, im Stich gelassen zu werden. Sie fühlen sich der Willkür anderer ausgeliefert. Dieser Wahrnehmung gehen drei mögliche Ursachen voraus:

1. Unklarheit darüber, ob Ihre persönlichen Werte und die Ihrer Geschäftspartner übereinstimmen,

2. anhaltender Stolz (Hochmut) aufgrund von Errungenschaften („auf Lorbeeren ausruhen") und

3. Durst nach Lob und Anerkennung von außen.

Der dritte Punkt ist darauf zurückzuführen, dass Sie sich Ihrer Sache nicht absolut sicher sind. Wir alle mögen es, etwas Nettes gesagt zu bekommen, doch es ist aus unternehmerischer Sicht wenig hilfreich, sich davon abhängig zu machen. Wenn Sie das, was Sie tun, gerne machen und Sie das alles für gut und richtig halten, dürfte es Ihnen nicht schwerfallen, ohne das Schulterklopfen anderer auszukommen. Das wiederum fördert eine integre Ausstrahlung und es wird weniger mit Ihnen „gespielt".

Aufgabe: Überprüfen Sie Ihre Tagesroutine und schreiben Sie die Momente auf, die Ihnen keinen Spaß bereitet haben. Nun gehen Sie dazu über, diese Tätigkeiten an andere zu delegieren, die das lieber machen. Wenn das nicht möglich ist, dann bleiben Sie eine Weile untätig, sammeln Sie sich und rufen Sie Bereitwilligkeit in sich hervor. Mit dieser neuen Attitüde erledigen Sie das Unliebsame.

Kunde will nicht zahlen

Ungeachtet Ihrer vertraglichen Vereinbarungen und der rechtlichen Lage empfehle ich Ihnen herauszufinden, was passiert ist. Es gibt drei Hauptgründe, warum ein Kunde nicht zahlen mag:

• Er hat das Geld nicht.

• Er ist nicht zufrieden.

• Er möchte das Geld lieber für etwas anderes ausgeben.

Alle drei Varianten sind höchst bedauerlich, vor allem, wenn Sie einen Teil der Leistung bereits erbracht haben.

Karmische Lösung: Zahlen Sie Ihre Rechnungen immer überpünktlich. Nicht beglichene Rechnungen binden Schuldenenergie und die wollen Sie auf keinen Fall im Hause haben. Sprechen Sie ausschließlich Klartext. Das betrifft auch Ihre Zahlungsmodalitäten.

Aufgabe: Beim ersten Grund kommen Sie mit einem Zahlungsplan entgegen. Bei Grund Nr. 2 finden Sie heraus, was unglücklich gelaufen ist, und schlagen eine Verbesserung oder ein Upgrade zur Einigung vor. Der dritte Punkt ist eine Frage der Integrität. Hier hat Ihr Kunde vorschnell gekauft/gebucht. Machen Sie Ihre Zahlungsmodalitäten bei Auftragsannahme klar. Schreiben Sie Ihre persönlichen AGB und lassen Sie sich die Kenntnisnahme bestätigen. Scheuen Sie sich nicht, eine Rechnung vorab zu stellen und die Arbeit erst aufzunehmen, wenn der Betrag überwiesen wurde. Wenn der Auftrag ohne entsprechenden Vorlauf auf Sie zukommt und sofortiges Handeln Ihrerseits notwendig ist, dann machen Sie eine „Ausnahme" und verweisen auf das „übliche Prozedere". Ihr Auftraggeber wird Ihr Entgegenkommen zu schätzen wissen. Nehmen Sie in die Skizze Ihres IKB auf, dass auf einen solchen Vorlauf in Zukunft geachtet wird.

Ärger über Korruption, Unehrlichkeit und Profitgier

Erkennen Sie, dass es nicht Ihre Aufgabe ist, die Welt zu retten und allerorts für Gerechtigkeit zu sorgen. Das Einzige, was in Ihrer Macht steht und gleichzeitig in Ihrer Verantwortung liegt, ist, Ihr eigenes Denken, Sprechen und Tun mit Liebe anzureichern. Handeln Sie entgegenkommend und liebevoll. Freuen Sie sich über die schönen Rosen in Nachbars Garten und darüber, dass sich Ihre Vermieterin den dunkelgrünen Jaguar mit hellen Sitzen gekauft hat, von dem Sie seit Ihrer Kindheit träumen. Öffnen, reinigen und aktivieren Sie Ihr Herzchakra und verbreiten Sie Liebe.

Karmische Lösung: Gönnen Sie aus vollem Herzen! Verhalten Sie sich freudig mitfühlend, wenn jemand aus Ihrer Firma eine gute Leistung erbracht hat, und gratulieren Sie aufrichtig. Öffnen Sie sich für Errungenschaften anderer Firmen und beglückwünschen Sie die Mitarbeiter, wenn Sie bei einer Tagung oder einem Kongress aufeinander treffen. Lassen Sie nicht zu, dass von Ihnen Abstand und Konkurrenzdenken verlangt wird. Sie sind selbst für sich und Ihr Denken verantwortlich.

Aufgabe: Akzeptieren Sie Lug, Trug, Gier und dergleichen als Teile des Ganzen. Wir müssen nicht alle Teile mögen, dennoch sind sie da und erfüllen eine Aufgabe. Solange es Schlechtes gibt, gibt es auch Gutes. Fokussieren Sie sich auf Letzteres. Umgeben Sie sich eigenverantwortlich mit Menschen, die Sie mögen, denen Sie gerne behilflich sind und dienen wollen und die in Ihrem Laden willkommen sind.

Krank machender Job

Dass es Zeit ist für eine Veränderung, steht außer Frage. In der heutigen Zeit ist es vielleicht gang und gäbe, die eigene Gesundheit hinter die beruflichen Anforderungen zu stellen, doch weise ist das nicht. Ihr Gesundheitszustand resultiert aus einer Nachlässigkeit sich selbst gegenüber und falsch gesetzten Prioritäten. Eine Verschiebung Ihrer Werte ist erforderlich, damit Sie gesunden können.

Karmische Lösung: Bevor Sie sich nun daran machen, eine neue berufliche Situation für sich zu kreieren, legen Sie Gutes für Ihre Zukunft an und praktizieren Sie zuvor eine ganze Weile lang große Fürsorglichkeit gegenüber anderen innerhalb Ihres Berufsumfeldes mit der Intention, selbst zu gesunden. Sollten Sie an sich altruistisch veranlagt sein und dazu neigen, sich für andere aufzuopfern, dann reichern Sie Ihr Tun mit Liebe an und tun Sie die Dinge bewusst und nicht mehr aus einem inneren Zwang heraus. Sollten Sie sich hier nicht wiedererkennen, dann beginnen Sie damit, sich dafür zu interessieren, wie es der Kollegin geht, und tun Sie etwas Liebevolles für sie – und wenn Sie ihr nur einen Tee zubereiten. Während Sie sich so verhalten, öffnen Sie sich für einen Job, der Ihnen und Ihrer Gesundheit dienlich ist. Sie werden Vertrautes hinter sich lassen müssen.

Aufgabe: Skizzieren Sie Ihren Wunscharbeitgeber und Ihren idealen zukünftigen Chef. Malen Sie sich aus, wie Sie gerne arbeiten möchten, und lassen Sie Ihrer Fantasie freien Lauf. Überprüfen Sie Ihre Werte. Was ist Ihnen wichtiger: freie Zeiteinteilung inkl. der Möglichkeit, von zu Hause aus zu arbeiten, oder ein gesteigertes Einkommen inkl. Assistentin? Oder wollen Sie beides? Fokussieren Sie sich auf Ihr Expertentum und treten Sie mit diesem Können und Wissen an.

Branche mit schlechtem Ruf

Jede Branche hat ihren Leumund. Die Musikbranche ist ein Haifischbecken, die Entertainmentindustrie ist oberflächlich, Banken sind korrupt, Geistheiler sind Scharlatane, Gebrauchtwagenhändler sind Betrüger, Anwälte sind Wortverdreher. All das sind Wahrnehmungsfrüchte, die zuvor als Saat gesät wurden. Wer diese Aussagen bestätigen kann, hat Erfahrungen gemacht, die als Notwendigkeit des Ursache-Wirkungs-Prinzips unausweichlich waren. Entscheidend ist, wie Sie sich selbst in Ihrer Branche bewegen. Wie oberflächlich geben Sie sich? Beteiligen Sie sich an Geschwätz und kleinen Lästereien? Wie aufrichtig sind Sie? Lassen Sie kleine Notlügen bei sich selbst als Bagatelle durchgehen?

Karmische Lösung: Gehen Sie mit gutem Beispiel voran und seien Sie die Ausnahme. Ich schlage Ihnen vor, Ihre wahren Intentionen und Verhaltensweisen genau zu beobachten und ggf. zu korrigieren, und ich verspreche Ihnen: Sie werden in und mit jeder Branche, mit der Sie in Kontakt kommen, erfreuliche Erfahrungen machen.

Aufgabe: Halten Sie Ausschau nach Personen in der Branche, auf die dieser Ruf nicht zutrifft. Verändern Sie Ihre Perspektive.

Wenig Anerkennung und Wertschätzung

Dieses Phänomen geht sehr oft mit der Wahrnehmung einher, dass Geschäftspartner sich nicht an Abmachungen halten. Wann immer Sie Mangel an Anerkennung und Wertschätzung erleben, ist dies darauf zurückzuführen, dass es Ihnen selbst schwerfällt, bestimmte Menschen, mit denen und für die Sie arbeiten, zu respektieren. Sie beurteilen sie als seltsam, nervig, anstrengend, lästig oder arrogant und würden ungern mehr Zeit mit ihnen verbringen als nötig. Dabei kann es sich sowohl um Mitarbeiter als auch um Kunden oder Dienstleister handeln.

Karmische Lösung: Verteilen Sie Lob und Anerkennung großzügig und liebevoll. Nicht nur im engsten Kreis, sondern gerne auch Menschen gegenüber, mit denen Sie nicht viel zu tun haben. Sagen Sie etwas Nettes zum Postboten oder zur Kassiererin im Supermarkt. Wie freundlich und anerkennend verhalten Sie sich gegenüber den Kollegen am Empfang? Beginnen Sie hier. Geben Sie niemals jemandem das Gefühl, nicht so gut zu sein wie Sie. Finden Sie stattdessen Gelegenheiten, um den Leuten in Ihrer Umgebung Lob und Anerkennung auszusprechen. Machen Sie sich frei von Ihrem Bedürfnis nach Applaus, Schulterklopfen und Kopftätschelei. Für gute Schwingungen im Arbeitsalltag muss ihr Tun heilsam und freudebringend sein und sollte die Möglichkeit eröffnen, dass die Person, für die Sie arbeiten, stolz auf Sie ist.

Aufgabe: Reflektieren Sie, in welchen Augenblicken Sie selbst nervig, lästig, arrogant oder seltsam sind, und akzeptieren Sie dies als liebenswerten Teil Ihrer Persönlichkeit. Verschaffen Sie sich Klarheit darüber, in welche Richtung eine Veränderung Ihrerseits stattfinden soll. Machen Sie sich die Mühe und entwerfen Sie Ihren IKB. Fühlen Sie sich hinein und erkennen Sie, worüber diese Person grübelt.

Abhängigkeit von anderen im Team

Wer im Team arbeitet, weiß, wie angenehm es ist, wenn die Zahnräder ineinandergreifen, und wie anstrengend es sein kann, wenn das nicht so ist. Wenn jemand dabei ist, der keine Freude an seiner Arbeit hat und sich selbst und dadurch auch die Abläufe blockiert, wird es schwierig. Naheliegende und verbreitete Lösung: die Person gegen eine andere austauschen, zumindest aber Druck aufbauen. Dass Druck wiederum Gegendruck erzeugt, ist Ihnen sicherlich nicht neu. Was jedoch für das größte Frustpotenzial sorgt, ist das Gefühl der Abhängigkeit, das dabei entsteht. Doch welche Saat führt dazu, dass eine Situation entstehen muss, die ein solches Gefühl hervorruft? Erinnern Sie sich daran, dass Situationen von sich aus „leer" sind. Nur wer ähnliches Saatgut wie Sie gestreut hat, wird diese Situation ähnlich empfinden wie Sie. Jemand mit anderer Saat erlebt das gleiche Szenario auf eine andere Weise.

Karmische Lösung: Wovon haben Sie sich aus reiner Gewohnheit abhängig gemacht? Was passiert mit Ihnen, wenn Sie morgens keinen Kaffee trinken oder abends kein Glas Rotwein? Wer ist von Ihnen abhängig? Darf sich diese Person von Ihnen wieder lösen? Erlauben Sie Abstand? Können Sie loslassen (und anderen ihr Los lassen)? Unsere Gewohnheiten geben uns einerseits eine Stütze, engen uns andererseits aber auch ein – so wie ein Team uns einerseits unterstützen und andererseits für Tumult sorgen kann. Abhängigkeiten entstehen, wenn wir selbst nachlässig mit unserer Freiheit umgehen. Prüfen Sie Ihre Gewohnheiten, Ihre Verlässlichkeit und Integrität und führen Sie eine entsprechende Veränderung herbei.

Aufgabe: Definieren Sie Ihren IKB und achten Sie bei Ihren nächsten Projekten darauf, dass es passt. Je detaillierter und gewissenhafter Sie hier vorgehen, desto mehr Zeitersparnis haben Sie am Ende. Achten Sie darauf, mit Menschen/Firmen zusammenzuarbeiten, die ihre Mitarbeiter gut behandeln und ethische Ziele verfolgen. Wenn Sie augenblicklich noch nicht die Möglichkeit haben, Ihr Team selbst zusammenzustellen, dann arbeiten Sie an dieser Freiheit und realisieren Sie sich diesen Wunsch. Beginnen Sie bei sich selbst und damit, jemand anderem das Teammitglied zu sein, das Sie sich selbst wünschen, einschließlich Nachsichtigkeit und Humor.

Marketingaktivitäten laufen ins Leere

Ihre noch so liebevoll gestaltete Werbeanzeige trifft nicht ins Schwarze. Ihre Flyer bleiben im Biomarkt liegen als wären es vertrocknete Pastinaken. Ihr PR-/Marketing-Auftreten hat zu viel Streuverlust. Das ist das Offensichtliche. Sie benötigen eine bessere, ausgefeiltere Strategie. Das liegt auf der Hand. Doch was genau liegt dahinter?

Karmische Lösung: Seien Sie selbst ab jetzt (noch) achtsamer. Halten Sie inne, lauschen Sie Ihrer inneren Stimme. Hören Sie genau hin, wenn andere sprechen, ohne sofort an die eigene Antwort zu denken. Meditieren Sie, um Ihre Klarheit zu erhöhen. Gehen Sie mit offenen Augen in der Natur spazieren und berühren Sie mit Ihren Fingerspitzen Blätter und Baumstämme. Verschenken Sie auf diese Weise Aufmerksamkeit. Wertschätzen Sie die Marketingbemühungen anderer und erfreuen Sie sich an deren Kreativität. Fällen Sie niemals ein negatives Urteil über die Werbemaßnahmen anderer - es liegt immer an Ihnen, was Sie wahrnehmen oder was Ihnen entgeht.

Aufgabe: Werden Sie bei Ihren Marketingaktivitäten transparent. Sprechen Sie das Problem Ihres IKB an anstatt das heraus zu stellen, was Sie anbieten / darstellen / verkaufen.

Verbreiten Sie Mehrwert in den Sozialen Netzwerken durch Ihre *Blog-Artikel* oder *Videos* (Tutorials) und bewerben Sie diese. Machen Sie in relevanten *Foren / Gruppen / Communities* durch hilfsbereite, engagierte Weise auf sich aufmerksam, ohne permanent auf Ihre eigene Website zu verlinken. Lassen Sie sich auf *Netzwerkveranstaltungen* blicken und leisten Sie dort einen wertvollen Beitrag. Sorgen Sie mit Hilfe der üblichen *Suchmaschinen* (z. B. Google & Youtube) dafür, dass potentielle Interessenten Ihre *Website* finden, diese besuchen und bauen Sie diese so auf, dass es eine Freude ist, auf Ihrer Seite Zeit zu verbringen. Webseiten, die seit 2012 nicht „renoviert" wurden und womöglich starr und unbeweglich wie eine Visitenkarte sind, entsprechen nicht mehr dem Status Quo. Auf den ersten Blick muss erkennbar sein, WAS Sie anbieten, welches ERGEBNIS für die Sinne oder die Gefühlswelt zu erwarten ist, für WEN ihr Angebot bestimmt ist (IKB) und WER Sie sind und WARUM Sie genau das machen, was Sie machen. Wer sich darüber hinaus für Ihre Leistung interessiert, sollte von Ihnen die Möglichkeit bekommen, sich direkt auf Ihrer Website in einen *Newsletter* einzutragen. Auch dieser sollte dann reich an kostbarer Inspiration und / oder Unterhaltungswert sein. Spammen Sie keinesfalls Ihre Abonnenten mit Sonderangeboten und Kauf-Anreizen zu. Ich wage übrigens zu behaupten, dass 98% aller jemals gedruckten Flyer ungesehen in die Papierkörbe dieser Nation wandern. Verzichten Sie auf Papier. Atmen Sie am Puls der Zeit. Werben Sie mit einer inneren Haltung der Demut und Hingabe. Verzichten Sie auf Tricks.

Wenn Unrecht ungesühnt bleibt

Sie haben den Eindruck, einer Ungerechtigkeit schutzlos ausgeliefert zu sein, weil Ihnen niemand schützend zur Hilfe eilt,
Ihnen kein Chef zur Seite steht oder niemand Ihre Rechte so
vertritt, dass Ihnen Gerechtigkeit widerfährt. Alles scheint
ins Wanken geraten zu sein, und Sie verlieren den Glauben
an die Gültigkeit von Recht und Unrecht. Eine Wiedergut-
machung ist nicht abzusehen, und dieser Zustand ist höchst
verstörend.

Karmische Lösung: Sie erleben eine Situation, die das Gegenteil dessen ist, was Sie sich wünschen. Wahrnehmungen
wie dieser, gehen negativ geprägte Saaten voraus. Negatives
Denken, Sprechen, Handeln hat dazu geführt, dass jemand
von Ihnen verletzt wurde. Und zwar absichtlich. Diese Person hat dieses Gefühl des Verletzt-Seins zwar selbst herbei
geführt, doch war Ihr Tun in dem Moment negativ aufgela-
den und kann deshalb nur eine negative Wahrnehmung zur
Folge haben. Um in Zukunft die Geschehnisse als gerecht
und anständig empfinden zu können, ist es Ihre Aufgabe,
korrekt bis ins kleinste Detail zu sein und liebevoll zu agieren.
Sagen Sie die Wahrheit. Widerstehen Sie der Versuchung,
sich Vorteile zu erschleichen. Vermeiden Sie die kleinste
(Werbe-)Lüge oder noch so legale (Steuer-)Tricks (um mehr
Geld für sich selbst behalten zu können). Treten Sie die Zusammenhänge, die Sie hier erfahren nicht mit Füßen. Ja, ich
weiss, das klingt alles nicht sehr sexy. Aber Ungerechtigkeit
finden Sie ja auch nicht toll.

Aufgabe: Schaffen Sie zunächst Klarheit und Frieden. Versöhnen Sie sich zunächst mit sich selbst. Sie konnten in dem

Moment nicht anders handeln, sonst hätten Sie es ja getan. Solange unsere Seele in diesem irdischen Körper wohnt, werden wir Emotionen fühlen, die uns zu Handlungen oder Unterlassungen veranlassen. Das ist menschlich und es darf passieren. Vergeben Sie sich. Im zweiten Schritt übernehmen Sie die Verantwortung und anerkennen Sie die feinstofflichen Zusammenhänge. Gehen Sie auf die Person zu, die Sie verletzt haben. Es ist unerheblich, ob die Person zuerst SIE angegriffen hat. Das ist wiederum ihr Karma. Machen Sie nun den ersten, unbequemen Schritt. Dazu ist jetzt ein sehr guter Zeitpunkt. Tun Sie es erwartungsfrei. Lassen Sie alles zu und bringen Sie nichts weiter mit als Liebe.

Auf den Punkt gebracht

Ihr berufliches Problem ist eine Projektion dessen, was Sie in sich tragen, was Sie in die Welt hineingeben und wie Sie die Welt sehen. Sobald Sie sich nicht nur fachlich top aufstellen und sich auf Ihre Qualifikation berufen, sondern auch die feinstofflichen Zusammenhänge in Betracht ziehen sowie nach den Regeln von Ursache und Wirkung handeln, werden Sie feststellen, dass sich Ihre Probleme in Wohlgefallen auflösen.

Schlussgedanke

Wann immer wir etwas Neues, Schöneres erleben möchten, das wir zuvor nicht gekannt haben, ist es erforderlich etwas Neues zu probieren und neue Routinen zu entwickeln. Wir können nicht unverändert denken und erwarten, dass sich etwas um uns herum verändert. Die Veränderung tritt dann im Außen ein, wenn die Gedankenwelt sich verschiebt.

Auf die Idee, die karmischen Erfolgsprinzipien in mein Leben zu rufen und mein Programm „Karma Business" zu entwickeln, kam ich u. a. durch das Buch „Der Diamantschneider" von Geshe Michael Roach, das ich sehr beeindruckend und inspirierend fand. Ich habe seine Erfahrungen und die Lehren der buddhistischen Sutras an meinen Alltag angepasst und entsprechend getestet. „Karma Business" wie ich es verstehe, erlebe und weitergebe, ist heute Dreh- und Angelpunkt meiner geschäftlichen, persönlichen und spirituellen Entwicklung und für mich zweifelsohne die beste Saat für gesundes Wachstum in diesen drei Lebensbereichen. Dem Ganzen überhaupt eine Chance zu geben und diese Herangehensweise auszuprobieren, war in meiner damaligen wirtschaftlichen Lage ungewöhnlich, fühlte sich riskant und „zu spät" an. Nur gut, dass ich auf meine Intuition und nicht auf meinen Verstand gehört habe.

Es sei an dieser Stelle erklärt: Spiritualität ist etwas anderes als Religion oder Esoterik. Ich betone das, weil diese Themengebiete gerne in einen „göttlichen" Topf geworfen werden und dabei höchst sensibles Terrain sind. In der Regel wird mindestens einer dieser drei Bereiche abgelehnt, belächelt oder bekämpft. Karma Business hingegen verbindet, akzeptiert und heißt willkommen.

Sie mögen sich nach der Lektüre dieses Buches fragen, wie es aus karmischer Sicht sein kann, dass ein arroganter, kleingeistiger Geizhals jemals zu einem prall gefüllten Bankkonto finden kann, während Menschen, die liebevoll, umsichtig und Freude verbreitend jeden Cent umdrehen müssen. Die Antwort liegt sowohl im Gedankengut (Mindset) als auch in der Vergangenheit. Die Wahrscheinlichkeit ist groß, dass Person „Geizhals" nicht immer und überall so arrogant, geizig und kleingeistig war, wie es Ihnen gerade erscheint. Auch wissen Sie nicht, wie sich diese Charakteristika bei der betreffenden Person in anderen Lebensbereichen niederschlagen. Die Person mit den sympathischeren und gefälligeren Wesenszügen limitiert sich dagegen aller Wahrscheinlichkeit selbst ohne sich dessen bewusst zu sein. Aus diesem Grunde dauert es so unendlich lang bis die erfreulichen Saaten, die sie bereits gesät hat, aufgehen. Lassen Sie's gut sein. Es ist hochinteressant zu beobachten, wie unsere Entscheidungen die Ereignisse in unserem Leben bestimmen. Bitte beachten Sie ab jetzt, dass Sie bei allem, was Sie denken, sagen und tun, feinstoffliche Schwingungsfrequenzen aussenden, die mit ähnlichen Frequenzen in Resonanz treten und Ähnliches nach sich ziehen. Dieses Phänomen ist Energie, und diese ist nur wandelbar, sie kann jedoch nicht vernichtet werden. Aus diesem Grund ist es von größerer, übergeordneter Bedeutung, dass Ihre Handlungen mit Liebe angereichert sind und stets auf Aufrichtigkeit und Wahrhaftigkeit überprüft werden.

Achten Sie auf sich selbst, auf Ihre Intentionen, Ihr Mindset und säen Sie jetzt im Präsens jede Menge Freudvolles für

Ihre eigene Zukunft. Hören Sie nie wieder damit auf. Wer Gutes unterstützt und Liebe verschwenderisch sät, liegt niemals verkehrt und tut sich und der Welt gut. Dafür sage ich: Danke.

> „Vergiss Sicherheit – lebe, wo du fürchtest zu leben – zerstöre deinen Ruf – sei berüchtigt."
> Mevlânâ Celâleddîn-i Rûmî

Die Autorin

Katja Niedermeier arbeitet als Interviewtrainerin für Popstars und als Spiritueller Business Coach für Unternehmerinnen, deren Wunsch es ist, erfüllter, entspannter, ethischer und erfolgreicher Ihr Geschäft zu führen. Von Firmen und Verbänden wird Katja Niedermeier als Karma-Business-Consultant für die Führungsebene sowie als Vortragsrednerin gebucht. Ihre ersten beiden Buch-Ratgeber – „Gelassenheit im Job" (2012) und „Gut gelaunt erfolgreich" (2014) – sind ebenfalls im Verlag C.H. Beck erschienen.

www.k-acht.com

www.facebook.com/K8EnergyEmpowerment

www.youtube.com/c/katjaniedermeier

www.instagram.com/katjaniedermeier

Danke, Christian und Betty – meine Menschen.

Impressum:
Verlag C. H. Beck im Internet: www.beck.de
ISBN: 978-3-406-70832-9
© 2017 Verlag C. H. Beck oHG
Wilhelmstraße 9, 80801 München
Satz: Fotosatz Buck, 84036 Kumhausen
Druck und Bindung: Beltz Bad Langensalza GmbH
Neustädter Str. 1–4, 99947 Bad Langensalza
Umschlaggestaltung: Ralph Zimmermann – Bureau Parapluie
Umschlagbild: Sylke Gall www.sylkegall.com
Gedruckt auf säurefreiem, alterungsbeständigem Papier
(hergestellt aus chlorfrei gebleichtem Zellstoff)

Inhalt

Reflexzonenmassagen können wir in jedem Alter genießen, wobei Sie darauf achten sollten, dass Ihre Behandlungen immer angenehm sind und niemals schmerzhaft werden. Sollte eine Zone empfindlich reagieren, müssen wir die Intensität unserer Technik anpassen und verringern.

Jede wirksame Methode kennt ihre Einschränkungen, so auch die Reflexzonen: Ein Bereich betrifft dabei die Schwangerschaft. Hier sind diese Massagen nur mit dem Einverständnis des betreuenden Arztes erlaubt, wobei auch dann alle Unterleibszonen und hormonellen Zonen ausgespart werden müssen. Verboten sind Reflexzonenmassagen auch bei schweren Krankheiten wie beispielsweise Krebs, schwerem Rheuma, fieberhaften Erkrankungen oder akuten Schwächezuständen. Darüber hinaus müssen alle unklaren Krankheitsgeschehen fachlich abgeklärt werden. Bitte beachten Sie auch, dass Reflexzonenbehandlungen die Wirksamkeit von Medikamenten verstärken können.

Hand aufs Herz. Bei welchen Beschwerden gehen Sie zum Arzt? Bei leichtem Kopfdruck oder erst bei anhaltendem Kopfschmerz? Und wie halten Sie es mit einem Ziehen in den Gelenken bei Wetterwechsel? Oder bei Schnupfen, bei Kopfweh, bei Verspannungen?

Bei all den lästigen Unpässlichkeiten des Alltags kommen wir in der Regel ohne Arzt aus. »Wird schon wieder werden«, sagen die einen – die anderen nehmen Tabletten. Es gibt aber noch eine dritte Variante, bei der wir die Kommunikation zwischen den Organen und der Hautoberfläche nutzen: die Reflexzonen. So fühlen sich nach kurzem Drücken am Kopf die Füße wieder wärmer an, ein paar Massagegriffe an den Händen lindern Unterbauchspannungen während der Menstruation und Selbstmassagen im unteren Rücken verbessern die Beindurchblutung bei Ihren Flugreisen.

Sind die Reflexzonen nun eine neue Wundermethode? – Keineswegs! Aber die Reflexzonen sind überzeugend: Sie blicken auf eine lange Geschichte zurück und haben sich im Alltag wie in der Therapie bestens bewährt. Ob zu Hause, im Auto oder auf einer Party; die Reflexzonen sind Werkzeuge der Gesundheitsvorsorge und dienen der Steigerung der Selbstheilungskräfte in allen Lebenslagen. Ein weiteres Plus dieser Anwendungen besteht darin, dass sie mit vielen anderen Methoden kombiniert werden können. So werden physiotherapeutische Behandlungen durch die Reflexzonenmassagen deutlich effektiver und durch ätherische Öle, Farblicht oder Edelsteine erhalten sie eine zusätzliche Qualität und erweitern so das Wirkungsspektrum von vielen Behandlungen enorm.

In Zeiten enger Budgets im Gesundheitswesen ist jeder Schritt in Richtung gesundheitlicher Eigenverantwortung ein Schritt in die richtige Richtung. Reflexzonen sind hier durchaus wegweisend, da sie eine bessere Selbstwahrnehmung schulen. Sie sind damit ein Instrument der

Vorsorge und helfen mit, Leidensgeschichten zu verhindern und Krankheitsverläufe zu erleichtern.

Vor allem aber haben wir die Werkzeuge dafür immer mit dabei: unsere Hände zur Massage und unsere Hautoberfläche, wo wir die vielen Reflexzonen finden. Daher sollte das Wissen um die Reflexzonen in keiner »Hausapotheke« fehlen.

Viel Erfolg mit den Reflexzonen, Ihr
Ewald Kliegel

Unsere Landkarten der Gesundheit

Die meisten Menschen haben schon einmal von den Reflexzonen gehört, und viele halten sie für eine alte und komplizierte chinesische Methode. Kein Wunder also, dass die Reflexzonen noch nicht in unserem Alltag Eingang gefunden haben.

Aber Reflexzonen sind anders und folgen einem leicht verständlichen Prinzip. Stellen Sie sich dazu einmal vor, Ihre Organe könnten bei Störungen einen Diaprojektor einschalten, der die Probleme anzeigt. Die Reflexzonen sind dabei die Notrufbilder auf einer Leinwand, die wir überall mit uns dabei haben: unsere Haut. Der Notruf der Organe erscheint darauf als Rötung, Aufquellung, Pickel oder Ekzem, um nur ein paar davon zu nennen.

Wenn wir beispielsweise bei einem Ess- und Trinkgelage eine Schlachtplatte verspeisen, werden Leber und Galle bis an ihre Grenzen gefordert. Die Notsignale finden wir dann in Form von Aufquellungen der Leber- und Gallenzonen in den verschiedenen Reflexzonensystemen, so an den Füßen oder am Rücken. Manchmal tauchen dann am nächsten Tag sogar Hautunreinheiten in den zugehörigen Zonen im Gesicht auf. So zeigen uns die Reflexzonen außen an, dass innen etwas nicht stimmt. Verständlicherweise bringen bei solchen Zeichen kosmetische Versuche nur wenig. Wenn wir hingegen die betreffenden Organe unterstützen, verschwinden die Hautprobleme von selbst. Wie beim Aufleuchten der Ölkontrolle sehen wir ja auch nach dem Öl und schrauben nicht das Lämpchen heraus. Im Fall der Schlachtplatte wären die geeigneten Maßnahmen neben den Reflexzonenmassagen Kräutertees mit Bitterstoffen sowie Fett- und Alkoholabstinenz zur Leberschonung. So können die Organe ihren Diaprojektor wieder ausschalten.

Eine kleine Zeichenkunde

Diese Erscheinungen lassen folgende Rückschlüsse auf den Zustand im Bindegewebe der zugehörigen Organe zu:

Rötungen und empfindliche Zonen	Das Organ hat einen Energieüberschuss
Aufquellungen	Meist besteht eine Reizung durch Übersäuerung im Bindegewebe
Pickel	Das Bindegewebe des Organs ist verschlackt und drückt seine Belastungen auf diesem Weg heraus
Ekzeme	Das Bindegewebe ist massiv überreizt – fachliche Abklärung!
Blasse Zonen	Das Organ hat einen Energiemangel
Einziehungen	Deutliche Unterversorgung dieses Gebietes
Knötchen	Im Bindegewebe werden Stoffwechselschlacken deponiert
Warzen	Emotionale Belastungen – auf die »Organsprache« achten

Allein dies würde bereits den Ruf der Reflexzonen als Landkarten der Gesundheit rechtfertigen. Doch die Reflexzonen können noch mehr. Neben dem Erkennen von Störungen erlauben uns die meisten Reflexzonen auch, auf die Körperfunktionen einzuwirken. Hier eröffnet sich ein wahres Eldorado an Anwendungen, die sowohl für Therapeuten und professionelle Wohlfühlbehandlungen wie auch für Laien eine Fülle von Möglichkeiten bieten.

Die Reflexzonen haben bewiesen, dass sie wirksam sind. So konnte die Physiotherapeutin Elisabeth Diecke 1928 ihr Bein vor der Amputation retten, indem sie sich die Reflexzonen an ihrem Rücken täglich intensiv massierte. Ihre Technik, die Bindegewebsmassage, gehört seither zum

Lehrplan der Masseure und Physiotherapeuten. Zur selben Zeit nutzte auch der Arzt Ferdinand Huneke die Rückenreflexzonen für seine Neuraltherapie – eine Methode, die nach wie vor von Ärzten und Heilpraktikern geschätzt wird.

Auch die bekanntesten Reflexzonen, die an den Füßen, können eine eindrucksvolle Erfolgsgeschichte aufweisen. Ende des 19. Jahrhunderts von Fitzgerald entschlüsselt, traten sie rasch ihren Triumphzug um die Welt an. Bereits um 1900 waren sie die häufigsten Behandlungen in New York, und dank Frau Marquardt sind sie auch aus dem deutschsprachigen Raum nicht mehr wegzudenken.

Nach 100 Jahren gibt es nun auch erste wissenschaftliche Ansätze, die millionenfachen Erfolge der Reflexzonen zu erforschen. So konnte Univ.-Doz. Dr. Erich Mur und sein Team an der Universität Innsbruck 1999 in einer Studie nachweisen, dass sich die Nierendurchblutung nach der Massage der Nierenzonen an den Füßen deutlich erhöhte, während die Massage der Kopfzonen bei der Vergleichsgruppe keine Wirkungen an den Nieren zeigte. 2003 verglich eine israelische Forschergruppe mit großer Übereinstimmung an der Ben Gurion University of the Negev Reflexzonenbefunde mit der konventionelleren medizinischen Diagnose.

2006 gab es zwei bedeutende Studien: An der chinesischen Universität des Guangxi College in Nanjing wurde die Wirkung von Fußreflexzonen für die motorischen Fähigkeiten nach Schlaganfällen belegt, und an der Universität Jena konnte Prof. Christine Uhlemann in einer Studie die Wirksamkeit der Fußreflexzonenmassage bei Beschwerden im Zuge von Kniearthrosen nachweisen. Schließlich steht uns noch eine Studie der britischen University of Ulster zur Verfügung, die aufzeigen konnte, dass die Fußreflexzonen bei Multipler Sklerose Schmerzen lindert. Dies sind nur die Studien, die sich auf die Füße als Reflexzonensystem beziehen. Selbstverständlich gibt es auch für viele andere Reflexzonen entsprechende Nachweise der Wirksamkeit.

Manche Reflexzonensysteme, wie die am Ohr oder am Schädel, werden häufig mit Nadeln behandelt. Dies bedeutet aber noch lange nicht, dass die Reflexzonen den Gesetzmäßigkeiten der Akupunktur folgen. Sehen wir uns dazu das System an den Ohren etwas genauer an. Viele Kulturen haben die Ohren mit besonderer Aufmerksamkeit bedacht, aber erst der französische Arzt Paul Nogier konnte in den 1950er Jahren mit seinem »Kneiftest« die Zusammenhänge zwischen bestimmten Ohrzonen und Körperstrukturen nachweisen: Er prüfte den elektrischen Hautwiderstand am Ohr, kniff dann den Probanden ins Knie und führte erneut eine Messung am Ohr durch. Nachdem sich die gefundenen Punkte bei den Probanden glichen, schloss er daraus, dass sich dort der Kniepunkt befinden müsste, eine Annahme, die inzwischen vielen Menschen mit Kniebeschwerden geholfen hat. Daraufhin entschlüsselte er nach und nach auch die anderen Organlokalisationen und erstellte eine Kartographie der Ohren.

Hier wird das Prinzip der Reflexzonen deutlich, dass nämlich eine Zone einer ganz bestimmten Körperstruktur beziehungsweise einem Organ zugeordnet ist. Bei der Akupunktur hingegen sind die Punkte Schleusentore in einem körperumspannenden System von Energiekanälen. Je nach dem, welcher dieser Kanäle zu wenig oder zu viel Energie aufweist, muss der eine oder andere Schleusen- oder Akupunkturpunkt »betätigt« werden. So sind im Gegensatz zu den Reflexzonen bei der Akupunktur die Punkte nicht direkt einem Organ zugehörig. Im Falle unseres Schlachtfest-Beispiels würden wir bei der Akupunktur jeweils prüfen müssen, welcher Kanal bei einem Menschen in Unordnung geraten ist. Erst dann wären wir in der Lage, die geeigneten Schleusentore mit Nadeln zu stechen oder mit Fingerdruck zu massieren. Im Gegensatz zu den Reflexzonen ist diese Diagnostik ein komplexes Unterfangen und wahrlich eine hohe Kunst.

Nachdem das »Wo«, die Kartographie der Reflexzonen in weiten Teilen entschlüsselt ist und viele Möglichkeiten für den richtigen Umgang damit gefunden wurden, stellte sich immer drängender die Frage nach dem »Wie«: Welche Wege nehmen die Impulse auf ihrer Reise von der Galle zu den Reflexzonen und zurück? Um es gleich vorwegzunehmen: Wir wissen es nicht, denn die klassischen Nervenleitungen sind dafür nur begrenzt anwendbar. Dennoch gibt es zwei Erklärungsmodelle, die schlüssig erscheinen und wahrscheinlich parallel vorhanden sind. Zum einen können die Informationen das riesige Netz des vegetativen Nervensystems nutzen, das jeden Winkel unseres Körpers erreicht, und zum anderen besteht ein fernweitreichender Funkkontakt zwischen allen Zellen in unserem Organismus.

Wir dürfen uns das so vorstellen, dass das vegetative Netzwerk wie das Internet funktioniert, in dem die Organe über ihren Netzzugang »Emails« an die Reflexzonen schicken und von dort erhalten. Neben diesem Festnetz besitzen wir ein faszinierendes inneres Mobilfunknetz. Prof. Popp hatte in den 1970er Jahren entdeckt, dass alle unsere Zellen untereinander mittels ultraschwachen Laserlichts, Biophotonen genannt, in Verbindung stehen. Damit haben unsere Zellen sozusagen eine SMS-Hotline, über die sie ihre Befindlichkeit mitteilen können. Wenn es uns technisch möglich ist, einen Drucker in New York von München aus zu aktivieren, so dürfen wir durchaus darauf vertrauen, dass auch unsere Galle in der Lage ist, bei einer Störung eine »vegetative Email« oder ein »Licht-SMS« an die zugehörigen Reflexzonen zu senden. Trotz aller Ungewissheiten über den Impulstransport ist eines jedenfalls gewiss: Die Informationen kommen an.

Im vergangenen Jahrhundert sind die letzten weißen Flecken auf unserer Erde erforscht worden. Jetzt schicken wir uns an, den Weltraum zu erkunden. Dabei übersehen wir, dass auf unserer Körperoberfläche, der Haut, ein Universum auf seine Entdeckung wartet. Möge das Interesse an den Reflexzonen einen Forschungsschub in diese Richtung wecken, damit auch hier die weißen Flecken bald der Geschichte angehören.

Reflexzonen –
eine Erfolgsgeschichte der Menschheit

Wahrscheinlich begann es mit Körperbemalungen und Tätowierungen. Die 350.000 Jahre alten Pigmente, die englische Wissenschaftler in Sambia gefunden haben, legen nahe, dass unsere steinzeitlichen Vorfahren nicht nur Jagdszenen auf Felswände verewigten, sondern auch die Haut mit Zeichen versahen. Solche Rituale sind uns noch von steinzeitnahen Kulturen der australischen Ureinwohner oder von den südafrikanischen Buschmännern der Kalahari gegenwärtig. Deren Absicht ist, Götter und Geister bei Krankheiten günstig zu stimmen. Als sich dann vor etwa 80.000 Jahren der rationale Verstand herausbildete, hatten wir bereits einen umfangreichen Erfahrungsschatz an Heilanwendungen zur Verfügung. Ab da wurde das Wissen zunehmend systematisiert und in den vielen Tausenden von Jahren bis heute in Methoden gegossen.

Daraus entstanden dann als erste Heilmethoden die Kräuterheilkunde und die gezielten Massagen. Offensichtlich haben sich dabei einige Punkte und Zonen besonders bewährt. Dies zumindest zeigen uns die tätowierten Punkte auf der Haut eines Mannes aus der Jungsteinzeit, der vor 5.300 Jahren im Ötztal seinen Tod im Eis fand. Nach seinem Fundort »Ötzi« genannt, gibt uns dieser Mann das erste Zeugnis eines »somatotopischen« Systems oder, einfacher ausgedrückt, von den Reflexzonen. Ötzis Tätowierungen weisen eine große Übereinstimmung mit dem Punktesystem der Akupunktur auf und zeugen davon, dass wir in Europa zu jener Zeit bereits eine hohe Medizinkultur besaßen. Dadurch wissen wir, dass die Reflexzonen zu den Behandlungsformen gehören, die der Menschheit mit in die Wiege gelegt wurden. Reflexzonen sind weltweit in den verschiedensten Kulturen und Zeiten vertreten. Die Belege dafür finden sich in 4.300 Jahre alten ägyptischen Wandmalereien im Ärztegrab von Sakara, in der Beschreibung des Chinesen Wang Li vor 2.400 Jahren oder in den Darstellungen der mittelamerikanischen Maya-Kultur aus der präkolumbianischen Zeit vor etwa 1.600 Jahren.

In der Neuzeit standen die Reflexzonen Pate, als die Neurologie im 19. Jahrhundert als Wissenschaft aus der Taufe gehoben wurde. Der Wegbegleiter dafür war Sir Henry Head, der 1893 die Dermatome beschrieb, die Zusammenhänge zwischen Wirbelsäulenetagen, Organen und Hautzonen. Etwa zehn Jahre vorher hatte Voltilini die Verbindung zwischen bestimmten Zonen in der Nase mit den weiblichen Geschlechtsorganen aufgezeigt. Durch Verätzen dieser Reflexzonen mit Kokain konnte Prof. Fließ in der Berliner Charité um 1900 vielen Frauen helfen, ihre Unterleibsbeschwerden loszuwerden. Statt zu verätzen, massieren wir diese Zonen heute sanft mit Wattestäbchen, und das Kokain wird durch ätherische Öle ersetzt. Gleichwohl sind die Nasenreflexzonen auch heute noch genauso wirksam wie bei ihrer Entdeckung vor mehr als hundert Jahren.

Ein weiterer Meilenstein der Reflexzonengeschichte war die Aufschlüsselung des Systems der Fußreflexzonen durch den amerikanischen Arzt Fitzgerald. Er hatte beobachtet, dass die Indianer den Füßen eine besondere Aufmerksamkeit schenkten und fand heraus, dass die Füße ein Spiegelbild des Menschen darstellen. Dieser Entdeckung folgend, konnte er eine Karte der Organe an den Füßen erstellen. Später hat er diese Systematik auch auf die Hände übertragen.

Ab etwa 1950 trat eine Reihe von Reflexzonenpionieren auf den Plan, die weitere Karten unserer Körperoberfläche erstellten. 1952 entdeckte Nogier die Ohrreflexzonen, 1957 beschrieb Strobl das System der Reflexzonen auf der Zunge, 1978 deckte Zeitler die Reflexzonen am Schädel auf, und Anfang der 1980er Jahre zeigte Siener, dass selbst an unserem Unterschenkel hochwirksame Reflexzonen zu finden sind. Inzwischen kennen wir mehr als 40 Reflexzonensysteme auf der Körperoberfläche, auf die wir im wahrsten Sinne des Wortes zugreifen können.

Wenn seit Mitte des 20. Jahrhunderts die Reflexzonen ihrer Kinderstube entwachsen sind, bedeutet dies nicht, dass schon alles entdeckt worden wäre. Immer wieder finden sich neue Systeme. So hat Yamamoto 1991 Reflexzonen auf dem Kopf und am Bauch beschrieben, Mitte der Neunziger Jahre stellte Klowersa ein Reflexzonensystem am Schlüsselbein vor, Gleditsch wies auf den »Lymphbelt« hin, und wir dürfen annehmen, dass auf unserer Haut noch einige Erkenntnisse und Möglichkeiten schlummern.

Seit dem letzten Jahrhundert feiern die Reflexzonen in der Naturheilkunde einen Siegeszug, und nun hat diese Erfolgswelle mit ihren Ausläufern die Laienanwendungen erreicht. Mehr und mehr Menschen erkennen, dass sich viele Alltagsbeschwerden ohne großen Aufwand mit einfachen Massagen in den Reflexzonen beeinflussen lassen. Dabei erleben besonders die an den Händen eine Renaissance. Verantwortlich dafür dürfte sein, dass sie einem klaren Grundprinzip folgen, einfach anzuwenden sind und überraschend gut wirken, wie inzwischen auch so manche Skeptiker zugeben müssen.

Diesem Beispiel folgend, erleben jetzt auch andere Reflexzonensysteme ihre Übernahme in die »Hausapotheke« für Alltagsbeschwerden. So sind die Reflexzonen vom Beginn der Menschheit bis heute eine Erfolgsgeschichte, wie sie wohl nur wenigen Methoden in der Medizin vergönnt ist.

Massage, der erprobte Klassiker

Die Heilpriester der Pharaonen benutzten sie bereits, dem altgriechischen Arzt Galen waren sie bekannt und auch Avicenna, der große arabische Arzt des Mittelalters beschrieb sie: die Massagen. Wir kennen keine Kultur ohne Massagen, und wir dürfen annehmen, dass sie zu den ältesten Behandlungen des Menschen überhaupt gehören.

Die Massage begegnet uns fast überall. Wir reiben uns nach einem Sturz die schmerzhaften Stellen, die Physiotherapeuten legen Hand an, wenn eine Gelenkfunktion gestört ist, und allein die Berührung wirkt wahre Wunder, wenn die Mutter bei ihren Kindern die Hand auf die blauen Flecken legt. Bei einer derartig grundlegenden Behandlungsform, die uns die Hände ermöglichen, ist es verständlich, dass sich eine große Vielfalt an Methoden herausgebildet hat. Alle diese Behandlungen haben eines gemeinsam: Sie brauchen einzig die Hände als Werkzeuge und verfolgen das Ziel, Wohlgefühl und Gesundheit zu vermitteln.

Die Wirkungen der Massage sind beeindruckend. Sie sind schmerzlindernd, regen den Stoffwechsel an und harmonisieren zugleich den gesamten Organismus. Durch eine Steigerung der Durchblutung wird die Sauerstoff- und Nährstoffversorgung des Gewebes verbessert, der Abtransport von Stoffwechselschlacken gefördert, sie aktivieren die Selbstheilungskräfte im Menschen und führen über eine wohltuende Entspannung zu seelischer Ausgeglichenheit. Durch ihre spezielle Wirkung auf die Organe und das vegetative Nervensystem sorgen die Reflexzonenmassagen für eine bessere Selbstregulation des inneren Gleichgewichts und bringen gestaute Energieverhältnisse wieder zum Fließen. Da wir uns beim Massieren mit dem ganzen Menschen »befassen« und ihn »begreifen«, geht es bei allen Massageformen letztlich um eine heilende Hinwendung zu Leib und Seele.

Von den vielen Massagetechniken haben sich bei der Reflexzonenmassage neben den Streichungen und Zirkelungen besonders die Sonnenstriche, Spiralkreise und die Grundentstörung bewährt; alles Anwendungen, die einfach und ohne Aufwand durchführbar sind. Dabei müssen alle Reflexzonenmassagen immer angenehm sein und dürfen nie Schmerzen verursachen. Nur so kann sich das Wohlgefühl entfalten, das wir erwarten.

Streichungen

Bei dieser Massagetechnik gleiten die Hände mit leichtem Druck über die Haut. Die oberflächlichen, leichten Streichungen sind als Einstieg in eine Massage geeignet, um mit dem Menschen und dessen Gewebe Kontakt aufzunehmen. Streichungen sind auch sinnvoll, um die Grundentstörung oder andere Techniken auszugleichen.

Zirkelungen

Hierzu kreisen die Finger langsam in die Tiefe des Gewebes. Dabei rutschen die Finger nicht auf der Haut sondern bleiben in den Grenzen der Hautverschieblichkeit. Die Zirkelungen werden zur Punktsuche und zur lokalen Behandlung verwendet.

Grundentstörung

Gleichgültig, welche Reflexzone wir behandeln, die Grundentstörung ist die zentrale Technik bei der Reflexzonenmassage. Darunter verstehen wir ein ruhiges und gefasstes Verweilen ohne Bewegung mit einem herzhaften, aber schmerzlosen Druck auf einen Reflexzonenpunkt. Dabei spüren wir nach etwa fünf bis zehn langsamen Atemzügen, wie unser Finger richtiggehend in das Gewebe einsinkt. Mit dem Nachgeben des Punktes ist der Organismus bereit für Veränderungen und weitere Maßnahmen. Häufig genügt bereits die Grundentstörung völlig, um eine Linderung zu erzielen. Um die Wirkung noch zu vertiefen, können wir während der Grundentstörung unsere Klienten auffordern, in Gedanken an dem Punkt einen schönen Luftballon aufzublasen. Danach dürfen wir mit ausgleichenden Streichungen oder den beiden nächsten Griffen die Reflexzonen weiter behandeln.

Sonnenstriche

Eine alte Weisheit besagt: Verspannung steckt an und Entspannung lässt Echos erklingen. Dies gilt um so mehr für die Massage in den Reflexzonen. Bei den Sonnenstrichen streichen wir, von einem entstörten Reflexzonenpunkt ausgehend, die Haut strahlenförmig weich aus und verteilen die Entspannung in die Umgebung. Welche Technik wir auch verwenden, wir sollten immer daran denken, dass bei der Massage Energien wohltuend umgesetzt werden. Dabei ist es unerheblich, ob wir eine Massage erhalten oder ob wir eine geben. Massieren bedeutet in jedem Fall genießen.

Begleitende Maßnahmen: Öle, Steine und andere Begleiter

Es ist eine Binsenweisheit, dass das Abschmecken und die Gewürze eine Mahlzeit erst so richtig schmackhaft machen. Das gilt auch für die Reflexzonenmassagen. Die Zutaten, die dabei unsere Behandlungen besonders gut ergänzen sind ätherische Öle und Edelsteine. Dazu gesellen sich Kräuterpackungen und Salben. Schließlich sollte das ganze noch mit einer Portion Muße und mit Kräutertees abgerundet werden. Doch wie beim Kochen verderben zu viele Zutaten den Brei. Mit zwei Ergänzungen pro »Reflexzonengericht« können wir es richtig genießen.

Zuallererst aber gilt bei der Reflexzonenmassage ein Grundsatz, der über allem steht: Immer angenehm bleiben und niemals schmerzhaft werden! Die Ausnahmen von dieser Regel betreffen einige wenige professionelle Behandlungen, bei denen Nadeln, Schröpfgläser oder Injektionen eingesetzt werden. Doch diese Maßnahmen sind den Heilkundigen vorbehalten.

Reflexzonenmassage mit ätherischen Ölen

Reflexzonenmassagen lassen sich hervorragend mit ätherischen Ölen ergänzen. Dabei dürfen diese feinstofflichen Essenzen der Pflanzen nie pur verwendet werden, sondern müssen immer etwa 1:10 bis 1:20 mit Neutralölen wie Jojobaöl, Avocadoöl, Mandelöl oder Sesamöl verdünnt werden. Bei der Auswahl der ätherischen Öle dürfen wir unserer Nase nach gehen und aus unserem Gefühl heraus entscheiden. Wenn wir ganz sicher sein wollen, können wir das passende Öl über den Muskeltest oder das Pendel austesten. Für die praktische Anwendung mischen wir am besten ein Sortiment von 7 - 10 Ölfavoriten in 20 ml Fläschchen, die wir mit einer Tropfpipette verschließen (diese Fläschchen erhalten Sie in Ihrer Apotheke).

Reflexzonenmassage mit Edelsteinen

Hildegard von Bingen hat sie beschrieben, und die alten Babylonier wie auch die Römer wussten bereits Bescheid. Die Edelsteine blicken bei ihren Heilwirkungen auf ein altes Wissen zurück und erleben jetzt wieder eine Renaissance. Zur Massage der Reflexzonen können wir einfache Trommelsteine oder Edelsteingriffel verwenden. Für großflächige Reflexzonensysteme, wie den Rücken, eignen sich besonders Edelsteinkugeln oder Edelsteingriffel. Alle diese Werkzeuge harmonisieren das Energiefeld und unterstützen die Wirkungen der Reflexzonenmassagen in dieser Richtung. Auch bei der Auswahl der Edelsteine können wir wieder unserer Intuition folgen und den Stein nehmen, der uns am besten zusagt. Natürlich müssen wir die Steine in sanften und langsamen Griffen achtsam in den betroffenen Reflexzonen verwenden. Edelsteine, Kugeln und Griffel sind in guten Edelstein- und Mineralienläden erhältlich.

Kräuterpackungen und Salben

Kräuterpackungen haben eine lange Tradition. So legten unsere Urgroßmütter bei Rheuma gedämpfte Heublumensäcke oder Krautblätter auf die schmerzenden Stellen, bei Bronchitis wurden geschmälzte Zwiebeln auf die Brust als Packungen aufgebracht, und Salben sind ursprünglich nur eine andere Form, Kräuter über die Haut zu verabreichen.

Für unsere zeitgemäßen Kräuterpackungen auf die Reflexzonen dürfen wir einen Esslöffel Teekräuter in ein Baumwollsäckchen geben und dieses über Wasserdampf in einem Sieb etwa 10 Minuten ziehen lassen. Dieses Kräutersäckchen legen wir dann lauwarm (nicht heiß!) auf die betreffende Reflexzone, deren Organ wir unterstützen wollen, und decken alles etwa 15 Minuten warm zu. Für die Auswahl der Kräuter können wir uns an deren Heilwirkungen orientieren. Dabei helfen uns gute Kräuterbücher weiter. Noch einfacher ist natürlich die Anwendung von Salben und Ölen mit Kräuterbestandteilen: Diese Salben können wir in die Zonen einmassieren und abgedeckt einziehen lassen.

Bei allen Reflexzonenbehandlungen sollten wir viel trinken, bevorzugt Wasser oder Kräutertees. Ein Vorschlag für eine Teemischung zur Reflexzonenbegleitung wäre: Kalmuswurzel 20 g, Angelikawurzel 30 g, Ehrenpreiskraut 20 g, Minzenblätter 20 g und Tausendguldenkraut 10 g. Von diesem Tee, den wir etwa 8 - 10 Minuten ziehen lassen, dürfen wir etwa drei Wochen lang täglich zwei Tassen trinken. Für eine persönliche Abstimmung der Kräuter hilft Ihnen Ihre Apotheke und Ihr/e Heilpraktiker/in gerne weiter.

Vom Suchen und Finden der Reflexzonen

Jeder Mensch ist anders, und dennoch folgt unser Körper einem grundlegenden gemeinsamen Bauplan. Dies gilt auch für die Reflexzonen. So ist selbst die perfekteste Reflexzonenkarte nur ein Abbild des Körpers und gibt uns Hinweise auf gestörte Organe und Körperstrukturen. Wie bei einer Landkarte sind die eingezeichneten Straßen und Flüsse nicht die Realität. Eine Karte ist jedoch um so nützlicher, je besser wir uns damit in dem Gebiet zurechtfinden. Daher sind die betreffenden Organzonen in etwa am angegebenen Ort, und wir müssen uns zum wesentlichen Punkt im wahrsten Sinne des Wortes vortasten. Mit etwas Übung werden die Finger empfindsamer, und wir spüren die betreffenden Reflexzonen immer einfacher. Um nun ganz sicherzugehen, dass wir die richtigen Reflexzonen erreicht haben, können wir die »DaWo's«-Methode verwenden oder professionelle Verfahren einsetzen.

Bei der »DaWo's«- Methode gehen wir mit langsamen kreisenden Fingerbewegungen in der betreffenden Region auf die Suche. Die Finger sollten dabei nicht auf der Haut rutschen, sondern nur so große Kreise machen, wie es die Haut zulässt. Auf diese Weise finden wir schneller die Punkte, eben »DaWo's« unangenehm ist. Dieser Zone dürfen wir dann mehr Aufmerksamkeit schenken.

Im Vergleich zur Umgebung ist das Gewebe einer gestörten Reflexzone irgendwie empfindlicher, weicher, schwammiger, fester, verklebter, wie eingelagert, aufgequollen oder eingezogen, um nur ein paar Beispiele zu nennen. Oft sind Reflexzonen bereits durch ihr Aussehen als Rötungen, Blässen, Pickel oder Ekzeme erkennbar. Bei Hautveränderungen sind allerdings die Grenzen der Laienbehandlung erreicht. Solche Hautprobleme müssen immer fachlich abgeklärt werden! Zur Ergänzung können wir den Muskeltest aus der Kinesiologie oder das Pendel einsetzen. So erhalten wir noch präzisere Ergebnisse. Diese Methoden bedürfen einer größeren Erfahrung und werden meist nur in professionellen Reflexzonenbehandlungen oder Therapien eingesetzt.

Reflexzonen-Anwendungen

Den Zustand von körperlicher und seelischer Harmonie, den wir Wohlgefühl nennen, können wir nicht erzeugen. Aber er stellt sich dann ein, wenn wir geeignete Rahmenbedingungen schaffen und die zentrale Schaltstelle dafür, das vegetative Nervensystem, mit einbeziehen. Unsere vegetative Regelung pendelt andauernd zwischen dem aktiven Reagieren auf Anforderungen und unserem Ruhebedürfnis. Egal, von was wir zu viel bekommen: Im ersten Fall nennen wir es Stress und beim zweiten kommen wir nicht richtig in die Gänge – und in beiden Fällen sind wir weit weg vom Wohlgefühl.

Reflexzonenmassagen unterstützen die Regulation zwischen diesen beiden inneren Richtungen und helfen uns dabei, unser vegetatives Pendel in einer harmonischen Schwingung zu halten. Mit regelmäßigen Eigenbehandlungen unterstützen wir so eine aktive Gelassenheit. Viel schöner ist es natürlich, wenn wir uns in diesem Sinne behandeln lassen. Dies bedeutet Wohlgefühl pur für Leib und Seele. Die Reflexzonen, die hierfür am besten geeignet sind, finden wir an den Händen und Füßen und am Kopf.

1. Handreflexzonen

Mit dieser Vorgehensweise aktivieren wir beide Anteile des vegetativen Nervensystems:

Nach Streichungen entlang der einzelnen Finger von der Kuppe bis zum Handgelenk (vom Daumen zum kleinen Finger) folgen sanfte Kreisungen mit dem Daumen durch die gesamte Handfläche mit Grundentstörungen an den empfindlichen Punkten. Danach wird der Handrücken in der gleichen Weise durchgearbeitet. Am Schluss stehen wieder Streichungen auf dem Programm. Je nach Aufwand kann eine solche Behandlung zwischen drei Minuten und einer halben Stunde dauern. Die gleiche Anwendung lässt sich auch an den Fußreflexzonen in entsprechender Weise durchführen.

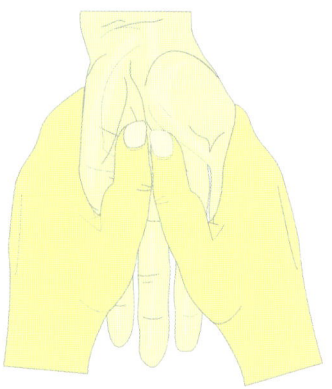

2. Schädelreflexzonen

Die Kopfhaut beherbergt eine Reihe von Reflexzonen, bei denen die vegetative Regulierung der Muskelspannung einen besonderen Stellenwert besitzt. Daher ist es immer einen Versuch wert, diese Massagen für die Folgen von Schlaganfällen zur Verbesserung der Beweglichkeit und Koordination einzusetzen. Bei der Eigenmassage wie auch bei Wohlfühlbehandlungen über die Schädelreflexzonen dürfen wir den Friseuren folgen und die Kopfhaut langsam systematisch von vorne nach hinten durchmassieren. Lassen Sie sich dabei Zeit und reiben Sie nicht auf der Kopfhaut, sondern verschieben Sie die Kopfhaut sanft auf dem Schädel.

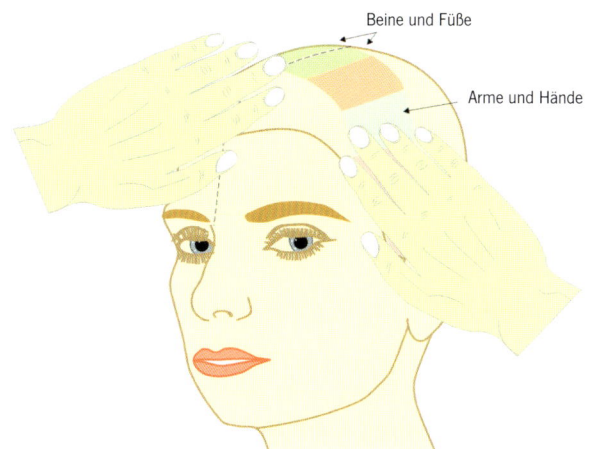

Beine und Füße

Arme und Hände

Begleitende Maßnahmen

Wenn von Wohlgefühl und von unserem vegetativen Nervensystem die Rede ist, liegt unser Bestreben immer im Ausgleich. Hierzu können wir an den Reflexzonen der Hände und Füße zur Massage eine Mischung aus ätherischen Ölen verwenden, die Feuer und Eis in sich vereinigt. Dazu nehmen wir etwa 20 Tropfen eines Neutralöls und geben jeweils einen Tropfen eines aktivierenden Öles wie Rosmarin, Sandelholz oder Ingwer und eines beruhigenden Öles wie Melisse, römische Kamille oder Lavendel hinzu.

Für die Schädelreflexzonen genügt vollkommen die Massage mit den Händen. Eine Möglichkeit besteht allerdings, diese Zonen im Rahmen unserer Haarpflege mit einem biologisch hochwertigem Haaröl vor dem Waschen zu massieren.

Ein Kräutertee, der besonders das vegetative Nervensystem unterstützt und den wir zur Begleitung etwa zwei bis drei Wochen lang trinken können, entspricht in seiner Zusammensetzung auch dem Feuer-und-Eis-Prinzip: Angelika- und Baldrianwurzel, Minzen- und Melissenblätter jeweils 20 g (ca. 10 Min. ziehen lassen).

Die Edelsteine, die sich für diese Massagen eignen, sind Bergkristall, Bronzit und Tigerauge.

Augendruck

Lange PC-Sitzungen belasten die Augen; eine Tatsache, die viele am Bildschirm Arbeitende leidvoll kennen. Die Augen brennen, die Konzentration lässt nach, und am Abend sehen wir die Welt nicht mehr so klar. Wenn wir dann die fachliche Bestätigung erhalten, dass unsere Augen in Ordnung sind, ist es mit großer Wahrscheinlichkeit eine klassische Überlastung. Den Augen Abwechslung und Entspannung bieten, für diesen Rat der Fachleute fehlt uns häufig die Zeit, und bis zum nächsten Urlaub ist es noch lange hin.

Die Reflexzonen bieten hierzu drei Alternativen, die uns rasch Erleichterung verschaffen. Die erste davon, die über die Ohren, nutzten schon die Seeleute und Handwerker des Mittelalters. Für die zweite Variante bedienen wir uns der Reflexzonen an der Stirn und für die dritte Variante können wir die Handreflexzonen einsetzen.

1. Reflexzonen am Ohr

In früheren Zeiten erhielten die Handwerker an den Dombauten mit der Gesellenprüfung einen Ring in den Augenpunkt des linken Ohrs für ein besseres intuitives Sehen, und nach wie vor ist dieser Punkt (an beiden Ohren) geeignet, um unsere Augen zu stärken und zu entlasten.

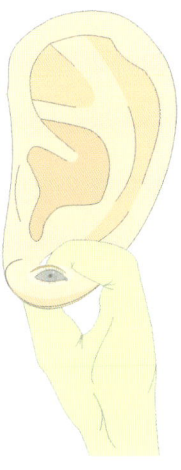

Dazu nehmen wir beide Ohrläppchen zwischen Daumen und Zeigefinger und knubbeln jedes Ohrläppchen ausgiebig durch. Danach streichen wir den Ohrwulst und die dahinterliegende Rinne nach oben hin aus. Mit ausgleichenden sanften Kreisen in die gleiche Richtung dürfen wir das gesamte Ohr noch einmal ausstreichen und frisch an die neuen Aufgaben gehen.

2. Reflexzonen an der Stirn

Über eine Reflexzonenmassage in diesem System, das um 1970 von dem japanischen Arzt Yamamoto entdeckt wurde, können wir die Augen stärken, Spannungen lösen und belasteten Augen eine kleine Erholungspause schenken.

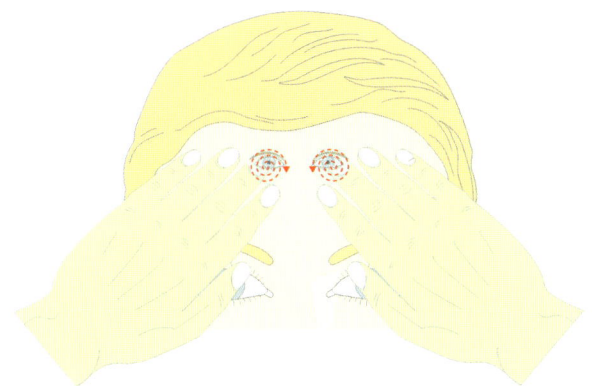

Diese Massage ist sehr angenehm und dabei hoch wirksam. Die Reflexzonenpunkte liegen dort, wo sich eine gedachte Linie vom inneren Augenwinkel mit dem Haaransatz kreuzt. Die beste Behandlungsform ist dabei ein ausgiebiges langsames Kreisen auf den Punkten und deren Umgebung, wobei wir in der Verschieblichkeit der Haut bleiben. Wenn wir dazu die Augen schließen, können wir diese Anwendungen noch intensiver genießen.

Begleitende Maßnahmen

Augentrost – der Name ist Programm bei diesem Heilkraut. Euphrasia, so lautet der botanische Name, gibt es als homöopathische Kügelchen, und man kann aus dem Kraut einen Tee bereiten, der sich für feuchtwarme Kompressen eignet. Für die homöopathische Anwendung empfiehlt sich bei Augenüberlastungen

Euphrasia D4 am Abend (5 Kügelchen unter der Zunge zergehen lassen), und für die Augentrost-Kompressen können wir normale Wattepads mit dem lauwarmen Tee tränken und etwa 10 - 15 Minuten auf die Augen legen. Die Reflexzonenmassagen (besonders an den Händen) lassen sich gut mit Lavendelöl und Rosenöl unterstützen. Bei den Edelsteinen sind es Bergkristall, Achat und Aquamarin, die den Augen Entlastung bringen. Für die Massagen an Stirn oder als Schmuckanhänger helfen diese Steine den Augen bei der Regeneration. Das beste Augentraining besteht darin, die Augen oft zu entspannen und unserem Sehen beim Schauen in die Natur einen Perspektivenwechsel zu bieten.

Altersbeschwerden

»Wer alt werden will, muss lange leben«, sagte Karl Valentin, und so streben wir ein hohes Alter in körperlicher und geistiger Gesundheit an. Die Wissenschaft betrachtet das Altern als einen Prozess, bei dem folgende Ursachen die Lebenskräfte beeinträchtigen:

Freie Radikale schädigen die Zellbausteine, wodurch Alterskrankheiten, wie Rheuma, Arteriosklerose oder Parkinson begünstigt werden.

Mit zunehmendem Alter beeinträchtigt ein Hormonmangel die Kommunikation innerhalb des Organismus.

Alternde Erbinformationen in den Chromosomen mindern die Qualität der neu gebildeten Zellen und deren Funktionen.

Ein schwächer werdendes Immunsystem ist verbunden mit nachlassenden Abwehrkräften im Alter.

Bei einem altersbedingt reduzierten Stoffwechsel sind die Entgiftungsfunktionen beeinträchtigt.

Die Reflexzonen können diese Prozesse nicht aufhalten, aber sie lindern viele Zipperlein, die das Leben im Alter schwierig machen. Besonders die an Händen, Füßen und Ohren tragen dazu bei, die Lebensqualität zu steigern und den Organismus fit zu halten.

1. Hand- und Fußreflexzonen

Ältere Menschen haben Schwierigkeiten, die eigenen Füße zu erreichen. Werden diese Massagen von Angehörigen ausgeführt oder professionell verabreicht sind immer wieder erstaunliche Verbesserungen des Allgemeinzustandes zu beobachten. Zur Eigenmassage eignen sich die Reflexzonen an der Hand.

Sowohl an den Füßen wie an den Händen besteht die wesentliche Massagetechnik in ausgiebigen Streichungen entlang der Wirbelsäulenzonen in Richtung Zehen bzw. Finger. Anschließend dürfen wir zur geistigen Aktivierung die Gehirnzonen knubbeln und am Ende der Massage das gesamte Reflexzonensystem mit ausgleichenden Griffen durchmassieren.

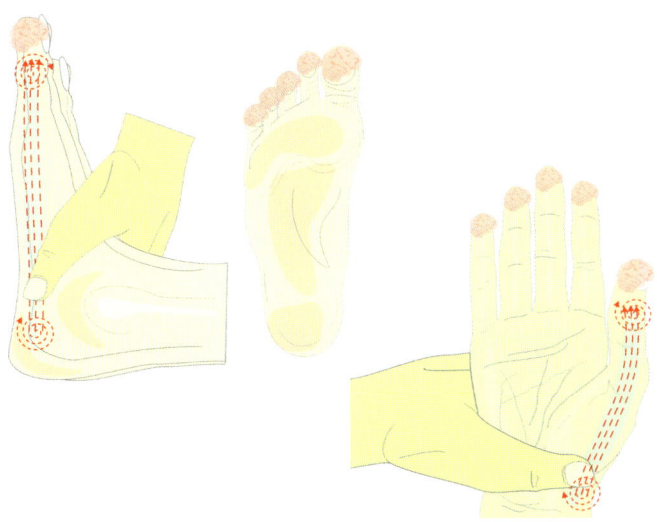

2. Ohrreflexzonen

Ein wesentliches Thema im Alter ist die innere Abstimmung des Organismus. Hier sind die Reflexzonen an den Ohren das System der Wahl, die wir dazu in drei Schritten behandeln.

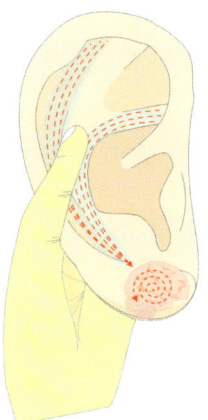

Im ersten Schritt massieren wir mit mehreren satten Streichungen die Wirbelsäulenzonen vom Ohrläppchen nach oben, gefolgt von Streichungen entlang dem Ohrrand in die gleiche Richtung. Der dritte Schritt besteht in der Massage der Gehirnzonen, die wir im Ohrläppchen zwischen Daumen und Zeigefinger ausgiebig durchknubbeln. Zum Abschluss können wir zur allgemeinen Aktivierung die vorhergehenden Streichungen in die andere Richtung durchgehen.

Begleitende Maßnahmen

Wir können durch unsere Lebensführung in erheblichem Maße dazu beitragen, unsere Vitalkräfte zu erhalten. Eine positive Lebenseinstellung mit viel Freude, gesunder vitaminreicher Ernährung, ausreichend Bewegung in natürlicher Umgebung, ein Gläschen Wein oder Bier zum Genuss und Nichtrauchen sind die wichtigsten Aktivposten, mit denen wir unsere Götter des guten Alterns gnädig stimmen können.

Ab dem 50. Lebensjahr wird es zudem wichtig, die Freien Radikale abzufangen. Diese reaktionsfreudigen Moleküle oder Atome reißen Elektronen aus Zellbausteinen. Als Radikalenfänger bezeichnet man daher solche Stoffe, die in der Lage sind, Freie Radikale zu binden und deren Schädigungspotentiale zu neutralisieren. Als Radikalenfänger haben sich besonders die Vitamine C und E bewährt, das Coenzym Q10, Flavonoide (gelbe Pflanzenstoffe) und Enzyme. Dieses Abfangen von Belastungen ist letztlich einer der erfolgversprechendsten Wege, den Alterungsprozess positiv zu beeinflussen.

Bei vielen dieser Altersbeschwerden haben sich Apatit, versteinertes Holz und Hämatit bewährt.

Blasenschwäche

Kalte Füße, Entzündungen, seelische Anspannung und Prostata- oder Gebärmutterprobleme sind am häufigsten für Blasenstörungen verantwortlich. Die Zustände sind für die Betroffenen leidlich bekannt: Dem Drang nach müsste die Blase randvoll sein, aber dann kommt nur ein unscheinbares Rinnsal. Vor allem fühlt man sich dadurch körperlich und seelisch schwach. Es ist so, als ob die vitale Spannkraft verlorenginge.

Schauen wir hinter die Kulissen, treten diese Störungen meist in Zeiten großer Anspannung oder bei Erschöpfung auf. Normalerweise hält der Schließmuskel die Blase dicht geschlossen und muss aktiv geöffnet werden. Steigt die allgemeine Spannung oder fehlt die Kraft, ist diese Steuerung gestört. Da diese Funktion vegetativen Regelungen unterworfen ist, können die Reflexzonen eine gute Unterstützung bieten. Damit lassen sich zwar nicht die Ursachen beseitigen, aber sie können die gereizte Blase besänftigen und die Begleiterscheinungen lindern.

1. Fußreflexzonen

Die Behandlung der Füße über die Reflexzonen ist ein vielversprechender Weg, Blasenprobleme zu lindern. Im Reflexzonenbereich der Blase befindet sich auch eine Einflussmöglichkeit auf ein vegetatives Nervenzentrum, das Kreuzmark, das für die Steuerung der Unterleibsfunktionen zuständig ist. Die Hauptmassagetechnik besteht dabei in entspannenden Kreisungen in den Blasenzonen. Dazwischengeschaltet können wir an den empfindlichen Reflexzonenpunkten eine Grundentstörung durchführen, und am Ende dürfen wir das umgebende Gebiet ausstreichen und die Fußbehandlung mit ausgleichenden Griffen abrunden.

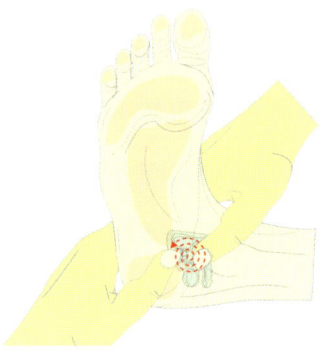

2. Rückenreflexzonen

Die Bindegewebsmassage ist die professionelle Behandlung der Rückenreflexzonen, die für eine bessere vegetative Regulation der inneren
Organe sorgt. Dies kommt auch bei den Eigenbehandlungen zum Tragen. Allerdings sind nur wenige Reflexzonenareale am Rücken selbst
erreichbar. Die Blase gehört dazu. Für die Selbstmassage beugen wir
uns etwas nach vorne und legen die Finger links und rechts neben das

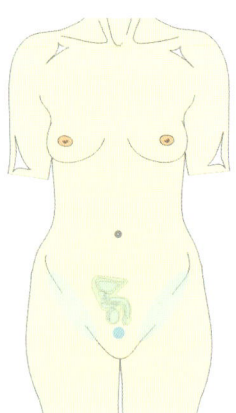
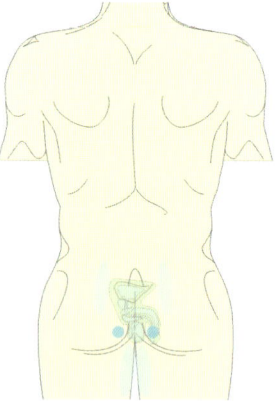

obere Ende der Analfalte. Von hier aus kreisen wir kräftig durch dieses Reflexzonengebiet, um dann mit Sonnenstrichen nach allen Richtungen die Punkte auszustreichen. Zum Schluss dürfen wir ruhig die Hände auflegen und ein paar Atemzüge lang entspannen.

Begleitende Maßnahmen

Mit den Reflexzonenmassagen beeinflussen wir das gesamte Umfeld einer Störung. Zum einen wird dadurch das Organ angeregt und in seiner Funktion normalisiert. So erleben wir häufig nach einer Behandlung das Bedürfnis, wirklich Wasser zu lassen. Damit verbunden ist eine Aktivierung des organumgebenden Bindegewebes und des Stoffwechsels. Schließlich erreichen wir mit den Behandlungen die Steuerung des vegetativen Nervensystems und damit das Zusammenspiel der Organe.

Besonders bei Blasenstörungen ist es wichtig, viel zu trinken. Wasser oder Tee sind dabei die Getränke der Wahl. Ein Kräutertee für die Blase wäre beispielsweise eine Teemischung aus Brennesselkraut 30 g, Goldrutenkraut 20 g, Löwenzahnwurzel 30 g und Bärentraubenblätter 20 g (etwa 10 - 12 Minuten ziehen lassen und 3 Tassen täglich als Kuranwendung 3 Wochen lang trinken).

Bei den Ölen eignet sich als Ergänzung für die Reflexzonenmassage besonders Sandelholzöl und bei den Edelsteinen dürfen wir den Aventurin und Dumortierit als Trommelstein oder Griffel einsetzen.

Erkältung

Da haben wir uns Mühe gegeben, gesund zu bleiben, und dann hat es uns doch erwischt: Der Hals kratzt, im Rachen lauert der Hustenreiz, das Atmen geht nicht so leicht wie tags zuvor und wir fühlen uns angeschlagen. Wir haben uns eine Erkältung eingefangen. Unser Immunsystem war offensichtlich in einem geschwächten Zustand dem Ansturm einer Vireninvasion nicht gewachsen. Grundsätzlich ist eine schwache Immunabwehr keine Krankheit, aber sie bietet die beste Voraussetzung, krank zu werden. Stress, kalte Füße, nasses Wetter, Zugluft, große Belastungen oder kraftzehrende Lebensumstände lassen sich dafür verantwortlich machen. Die Strategien dagegen sind seit Generationen erprobt: Hustenbonbons, Vitamin C, heiße Zitrone oder Hausmittel aus dem freiverkäuflichen Sortiment der Apotheke. Ergänzend dazu sorgen die Reflexzonen an den Händen und Füßen für eine Linderung der Symptome, die uns in dieser Zeit plagen. Vor allem aber braucht das Abwehrsystem Ruhe, um mit den Viren fertigzuwerden.

1. Handreflexzonen

Eine Erkältung dauert ohne Behandlung acht Tage, mit Behandlung eine Woche. Daran ändern auch die Reflexzonen nichts. Dennoch können sie uns genau dann helfen, wenn wir nichts außer uns selbst zur Hand haben. Zur Linderung der Halsbeschwerden eignet sich ein einfacher Griff, bei dem wir die Fingerkuppen der einen Hand in die »Schwimmhäute« der anderen Hand legen und diese etwa 7 bis 10 Mal »melken«. Diesen Griff dürfen wir 1 bis 2 Mal pro Stunde wiederholen. Zum Abschluss können wir Finger beider Hände ineinander verschränken und mit leichtem Druck langsam auseinander ziehen. Danach ist fast immer eine leichte Besserung der Erkältungssymptome spürbar.

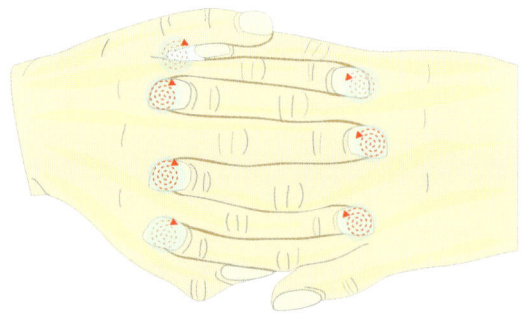

2. Fußreflexzonen

Eine Erkältung ist grundsätzlich harmlos, solange sie mit moderatem Fieber einhergeht und nicht länger als eine Woche dauert. Kalte Füße verschlechtern diesen Zustand und warme Füße stärken das Immunsystem. Schon aus diesem Grund helfen Fußmassagen, die Erkältung zu besänftigen.

Nach einem warmen Fußbad dürfen wir unseren Füßen eine schöne Behandlung gönnen. Dazu massieren wir einen Fuß nach dem andern mit Streichungen und Knetungen durch. Wenn dabei empfindliche Zonen auftauchen, sollten die mit der Grundentstörung besänftigt werden. Am Ende folgen wieder Ausstreichungen. Selbstverständlich ist es noch angenehmer, wenn wir uns eine solche Behandlung geben lassen.

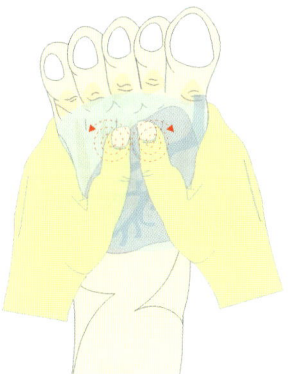

Begleitende Maßnahmen

Bei Erkältungen steht uns ein große Palette an Hausmitteln zur Verfügung, die wir immer zuerst nutzen sollten. Oft werden viel zu früh Antibiotika verordnet. Diese Präparate sind gegen Viren machtlos und erst dann angesagt, wenn sich auf eine virale Besiedelung eine bakterielle aufsetzt.

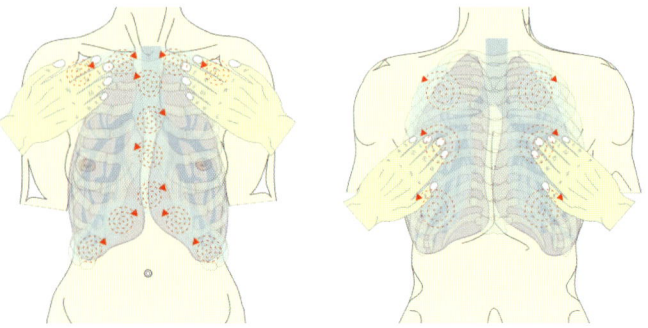

Bis dahin dürfen wir den Hausmitteln vertrauen. Dazu gehören Inhalationen, Einreibungen am Rücken und der Brust, warme Fußbäder mit Salz, Kräutertees und homöopathische Mittel. Für die Inhalationen kommen ätherische Öle in Frage, die wir auch für die Einreibungen verwenden können. Fichtennadel, römische Kamille und Lavendel sind dafür geeignet (immer verdünnt anwenden!).

Ein Kräutertee aus der Erfahrungsheilkunde, der gegen die Erkältung hilft, wäre: Eibischwurzel 30 g, Salbei 20 g, Thymian 10 g, Lindenblüten 10 g und Holunderblüten 10 g (10 Minuten ziehen lassen, 2 - 3 Tassen täglich.). Das oberste Ziel besteht natürlich darin, langfristig unsere Abwehr zu stärken, damit wir für die nächste Erkältungswelle gewappnet sind. Immunstärkende Steine sind Heliotrop und Ozean-Achat.

Frauenbeschwerden

Frauen kümmern sich mehr um ihre Gesundheit als Männer, werden älter und können mehr Schmerzen ertragen. Dennoch haben viele Frauen Probleme mit ihren Themen: Die monatlichen Regelblutungen gehen oft mit Unwohlsein und Spannungen im Unterleib einher. Dazu sind die Wechseljahre häufig mit Schwitzattacken, innerer Unruhe und Lustlosigkeit begleitet.

Jede Frau hat ihre eigene Strategie für ihre »Tage«, und glücklicherweise haben viele Frauen dabei keinerlei Probleme. Im Gegenteil: Einige erleben diese Zeit als motivierend bei körperlichem und seelischem Wohlbefinden. Ähnliches gilt für die Wechseljahre. Diese Zeit der hormonellen Umstellung wird von manchen Frauen geradezu als beglückend beschrieben. Doch sind diese eher in der Minderheit. Die meisten sind im Wechsel mit ausgeprägten Gefühlsschwankungen und starken körperlichen Reaktionen belastet. Die Reflexzonen können bei diesen Zuständen die Grundsituation verbessern, und sie sind an schwierigen Tagen Helfer in der Not.

1. Handreflexzonen

Wenn es eine Hitliste gäbe, dann würde diese Anwendung an der Hand einen Spitzenplatz einnehmen. Unauffällig und höchst effektiv, so könnte man sie kurz beschreiben.

Die Reflexzonen des gesamten Unterleibs befinden sich im Handwurzelbereich an den Handgelenken. Bei Unwohlsein und Unterleibsspannungen während der Periode und im Wechsel können wir feste und dennoch angenehme Querstreichungen über beide Seiten der Handgelenke verwenden. Wenn in den anschließenden Kreisungen rund um dieses Gebiet empfindliche Punkte auftauchen, lösen sich diese erfahrungsgemäß mit den Grundentstörungen auf – und damit auch die Spannungen im Körper.

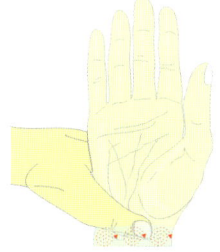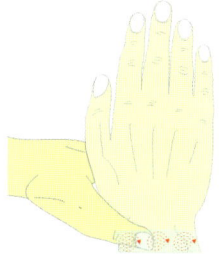

2. Rückenreflexzonen

Auch diese Reflexzonen kennen wir aus dem Alltag. Wir greifen uns am Rücken dorthin, wo es unangenehm ist oder zieht. Bei Unterleibsbeschwerden sind es genau die Zonen, die den Hormon- und Geschlechtsorganen zugeordnet sind.

Zur Linderung von solchen Beschwerden beginnen wir mit parallelen Kreisungen beider Hände über dem Kreuzbein. An jeder Stelle erfolgen etwa 3 - 4 Kreise in der Verschieblichkeit der Haut. Danach geht es einen Kreis höher. Auf diese Weise wandern wir langsam nach oben. Besonders empfindliche Zonen dürfen wir ausgiebiger massieren und zum Abschluss einfach die Hände ein paar Atemzüge lang auflegen.

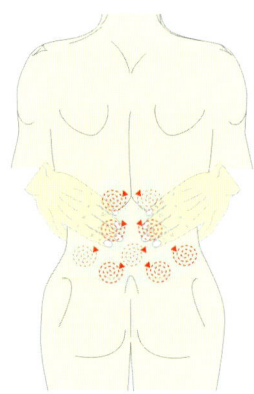

Begleitende Maßnahmen

Frauen mit Regelbeschwerden benötigen in ihrer Periode eine stressfreie Zeit und ausreichend Ruhe. Eine Teemischung aus Johanniskraut 20 g, Schafgarbe 20 g, Melisse 20 g, Gänsefingerkraut 20 g, Birkenblätter 10 g und Rosmarin 10 g löst die Spannungen in den Tagen der Regel. Dies gilt auch für die Wechseljahre, in denen der Tee die Stimmung stabilisiert (etwa 3 Wochen lang trinken, dann 6 Wochen Pause vor einer erneuten Teekur von 3 Wochen). Dazu sorgen homöopathische Mittel für einen umfassenden Ausgleich.

Frauen nutzen gegen ihre Beschwerden schon immer ein schönes heißes Bad oder eine angenehme Wärmflasche, die sie auf den Bauch legen. Ein paar Tropfen Geraniöl, Jasminöl oder Lavendelöl verstärken die Wirkung dieses Bades. Alternativ dazu können wir den Bauch mit den verdünnten Ölen einreiben und ein kleines feuchtes Handtuch auf die Haut unter die Wärmflasche legen. Diese Öle finden auch für die Reflexzonenmassage Verwendung. Für die Edelsteinmassage bei Regelbeschwerden eignen sich Trommelsteine aus Serpentin, Malachit oder Bernstein, für die Wechseljahre zudem Tigerauge und Granat.

Guten Flug!

Nutzen wir doch unsere Flüge für gesunde Impulse! Ob wir geschäftlich nach New York oder in den Urlaub auf die Kanarischen Inseln fliegen, neben anregenden Gesprächen oder dem Vorbereiten von Geschäftsunterlagen bleiben selbst bei einem Flug auf die Balearen immer ein paar Minuten für die Gesundheit. Bei vielen Menschen gehört zum Fliegen leider auch die Flugangst. Glücklicherweise gibt es ein paar Reflexzonengriffe an der Hand, die gegen alle Arten von Nervosität wirken. Damit lässt sich nicht nur die Flugangst reduzieren. Diese Griffe haben sich auch bei Lampenfieber oder Prüfungsstress bewährt.

Eine andere Sorge betrifft Reisende auf Langstreckenflügen. Langes Sitzen in gleichbleibender Haltung in großer Flughöhe begünstigt Thrombosen. Doch kleine Massagen in den Rückenreflexzonen, die bereits 1928 der Physiotherapeutin Frau Diecke das Bein gerettet haben, sind eine schöne Thromboseprophylaxe während des Fluges. Zudem sind diese Griffe ohne Aufwand auf engstem Raum anwendbar.

1. Handreflexzonen gegen Flugangst

Dieser unscheinbare Griff birgt ein gewaltiges Potential gegen Ängste. Damit erreichen wir die Reflexzonen des Hirnstamms, wo das Atemzentrum und wichtige vegetative Umschaltstationen angesiedelt sind.

Zu Beginn nehmen wir das Endgelenk des Daumens zwischen Daumen und Zeigefinger der anderen Hand und kreisen sachte etwa eine Minute die Daumenkuppe im Gelenk. Danach bleiben wir mit einem konstanten angenehmen Druck etwa fünf bis sieben Atemzüge auf dem Punkt des Hirnstamms kurz oberhalb des Gelenks, um abschließend noch einmal das Gelenk zehn Mal zu kreisen. Dann wechseln wir die Hände. Diese kleine Übung beruhigt die Nerven nachhaltig und entspannt.

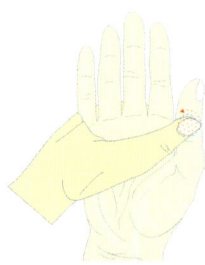

2. Rückenreflexzonen als Thromboseprophylaxe

Auch diesen einfachen Griff können wir im Flugzeug anwenden: Dazu beugen wir uns leicht im Sitz nach vorne und greifen nach hinten. Dabei legen wir die Hände so, dass die Daumen auf den Beckenkamm und die Finger auf dem Kreuzbein liegen. Nun wandern wir langsam mit den Fingern kreisend auf dem Beckenkamm von der Mitte nach außen und wieder zurück, um gleich darauf ein Stückchen höher die gleiche Massagereise mit den Fingern zu machen. Dabei macht sich sehr schnell ein angenehmes Strömen im Rücken breit, das sich bis in die Füße ausbreiten kann. Wir können die Wirkung noch steigern, wenn wir in die Massagebereiche hineinatmen.

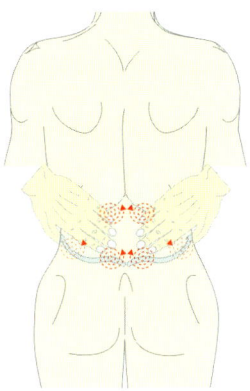

Begleitende Maßnahmen

Bei Urlaubsflügen zu zweit sind gegenseitige Massagen der Handreflexzonen ein wunderbarer Einstieg in die Ferien, da sie die Entspannung fördern. Auch wenn wir im Flugzeug keine ätherischen Öle verwenden können, so dürfen wir dennoch eine Unterstützung gegen die Flugangst mitnehmen. Ein kleiner Trommelstein aus Dumortierit in der Hosentasche oder gebohrt als Schmuck getragen hilft uns dabei. Dieser Stein heißt nicht umsonst »Take it easy«-Stein, da er in schwierigen Situationen Zuversicht schenkt und uns hilft, das Leben leichter zu nehmen.

Gegen die Übelkeit, die manchen Menschen auf ihren Flügen Schwierigkeiten bereitet, können wir kandierten Ingwer kauen. Dies hat sich bei Schiffsreisen bewährt und bietet auch auf Flugreisen Unterstützung. Ein weiterer Edelstein, der Magnesit, entspannt und löst Krämpfe. Da er besonders auf die Beine und das Herz wirkt, sollte er bei keiner Flugreise fehlen. Beide Steine sind als Anhänger in guten Mineralienhandlungen günstig erhältlich.

Hallo wach!

Es gibt Momente, da benötigen wir keine Entspannung, sondern frische Klarheit. Ein kalter Wasserguss ins Gesicht ist dafür sicher eine gute Variante, doch leider nicht immer verfügbar. In solchen Fällen helfen die Reflexzonen. Das Zauberwort dafür heißt Stress. Hier ist allerdings nicht der belastende Stress gemeint, sondern der Eustress*, die positive Herausforderung. Wir nutzen dazu die Reaktionen des Organismus, die dem biologische Ziel folgen, den Menschen kampf- und fluchtbereit zu machen. In diesem Zustand werden die Energiereserven aktiviert, und wir haben einen schnelleren Zugang zu Ideen und Motivationen.

Mit den Reflexzonen besitzen wir die Möglichkeit, den Pegel für unseren Eustress* kontrolliert hochzufahren. Der einfachste Weg dazu führt über die Ohren. Für eine andere, etwas aufwendigere Variante können wir die Reflexzonen in der Nase nutzen. Das Schöne dabei ist, dass uns über die Reflexzonen der Powerzustand nicht in den belastenden Stress entgleisen kann.

1. Reflexzonen am Ohr

Mit diesen einfachen und dennoch höchst effektiven Ohrgriffen erreichen wir die Reflexzonen der Wirbelsäule und die des vegetativen Nervensystems für die Umschaltung auf Aktivität.

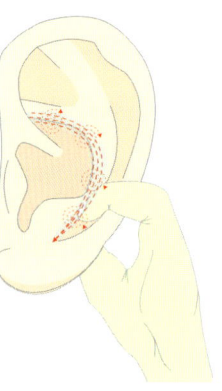

Dazu nehmen wir beide Ohren gleichzeitig zwischen Daumen und Zeigefinger und streichen mit einem guten Druck den Ohrwulst und die dahinterliegende Rinne von der oberen Innenseite zum Ohrläppchen hin aus. Unsere Aufmerksamkeit liegt dabei auf einem guten,

---

* Als Eustress bezeichnet man Stressfaktoren, die dem Organismus guttun.

gleichmäßigen und dennoch angenehmen Druck. Danach gehen wir mit der gleichen Fingerhaltung kreisend diese Ohrzonen durch. Schließlich dürfen wir noch die Ohrläppchen sanft durchknubbeln und frisch an die neuen Aufgaben gehen.

2. Die Reflexzonen in der Nase

Diese Reflexzonen in der Nase haben sich gegen Kopfschmerz bewährt und sind ebenso geeignet, Ideen zu fördern. Für diese etwas ungewöhnliche Reflexzonenmassage nehmen wir ein handelsübliches Wattestäbchen, das wir in Malvenöl tränken (in der Apotheke erhältlich). Damit massieren wir sanft kreisend etwa 1 - 2 Minuten jede Nasenseite innen durch. In diesem empfindlichen Gebiet müssen wir natürlich besonders vorsichtig sein und jegliches unangenehme Gefühl vermeiden. Wenn irgendwelche  Störungen während der Massage auftauchen, bitte sofort abbrechen. Meist aber folgt eine Hochstimmung, die Geist und Seele aktiviert.

Begleitende Maßnahmen

Müdigkeit ist eine natürliche Reaktion, die uns signalisiert, dass es Zeit wäre auszuruhen. Übergehen wir diese Anzeichen folgt die Erschöpfung. Bei anfänglicher Müdigkeit können wir mit den Reflexzonen noch gegensteuern. Je weiter sie jedoch fortschreitet, desto geringer sind die Erfolge. Dann ist eben wirklich Ruhe angesagt.

Als kleine Ergänzungen für die Aktivierung der Lebensgeister haben sich schon immer die ätherischen Öle bewährt (direkt in die Duftlampe oder 1:20 verdünnt zur Massage). Bei der Aktivierung über die Reflexzonen am Ohr dürfen wir besonders Ingweröl, Minzenöl und Sandelholzöl einsetzen. Für die Nasenreflexmassage bitte nur milde Öle verwenden, so zum Beispiel Rosenöl, Melissenöl oder das Öl der Römischen Kamille. Bei den Edelsteinen bilden der Heliotrop und das Tigerauge ein »Hallo wach«-Gespann. Einzeln und noch besser gemeinsam am Körper getragen, steigern sie die Energien für unsere Aufgaben.

Kalte Füße

Kalte Füße sind höchst unangenehm und können zu Blasenreizungen, Unterleibsbeschwerden, Hämorrhoiden oder Erkältungen führen, um nur einige von den Problemen zu nennen, die damit zusammenhängen.

Warme oder kalte Füße hängen von der Durchblutung ab und diese wiederum ist davon bestimmt, wie gut die Regulation der kleinen Arterien funktioniert. Zur Verbesserung dieser Regulation stehen uns einige Möglichkeiten zur Verfügung. Die kalten Waschungen, die bereits Pfarrer Kneipp empfohlen hat, sind hierzu genauso geeignet wie ausgiebige Spaziergänge, Sport oder Sauna. Doch was können wir tun, wenn wir im Kino oder im sommerlichen Garten sitzen und die Füße kalt werden? Die Hilfe dafür kommt von den Schädel- und Ohrreflexzonen, über die sich die Füße innerhalb von Minuten von innen heraus wärmer anfühlen. Leider spielt hier auch das Rauchen eine große negative Rolle, denn Rauchen führt immer zu schweren Durchblutungsstörungen, und Raucher mit kalten Füßen haben ein hohes Risiko für Raucherbeine.

1. Schädelreflexzonen

In diesen Reflexzonen sind die Muskelkoordination, das Körpergefühl und die Durchblutung unseres Bewegungsapparates erreichbar. Die Reflexzonenbereiche für die Steuerung der Blutgefäße in den Füßen sind darin leicht zu finden: Wenn wir die Mittellinie von der Nase aus hochgehen, kommen wir etwa drei Querfinger breit über der Haargrenze an die betreffenden Punkte, die dort links und rechts direkt neben der Mittellinie liegen. Diese Reflexzonenpunkte, die sich oft weicher und empfindlicher als ihre Umgebung anfühlen, dürfen wir ausgiebig mit sanften

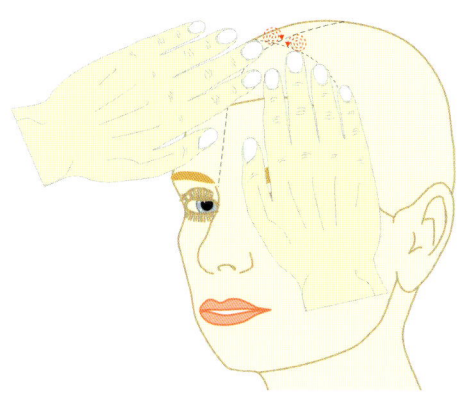

Fingerkreisungen durchmassieren (eventuell unterstützt von einem Trommelstein aus Schneeflockenobsidian). Erfahrungsgemäß stellt sich dann ein paar Minuten später ein Wärmegefühl in den Füßen ein.

2. Ohrreflexzonen

Auch an den Ohren sind es die Fuß- und Beinzonen, die für eine bessere Durchblutung eingesetzt werden. In dem gut erkennbaren kleinen

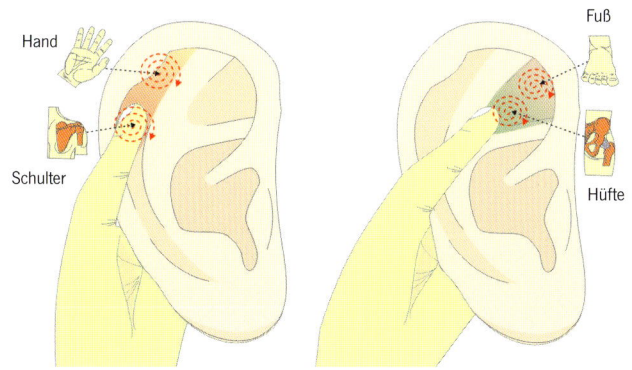

Dreieck im Ohr dürfen wir diese Reflexzonen intensiv massieren. Am besten eignen sich dafür Kreisungen. Dazu nehmen wir diese Zonen an beiden Ohren parallel in den Zangengriff zwischen Daumen und Zeigefinger. Etwa sieben bis zehn Atemzüge lang sollten genügen, um die Füße gefühlsmäßig zu wärmen. Dieser Griff, wie auch der am Schädel, hat sich zudem bewährt, wenn wir nach Wanderungen oder sportlichen Aktivitäten leichte Überlastungsbeschwerden oder Muskelkater haben.

Begleitende Maßnahmen

Füße brauchen gute Pflege, und bei kalten Füßen sollte sich diese nicht nur auf die Füße allein beschränken. Weitergehend heißt das Thema hier Kreislauf- und Gefäßtraining. Als lokale Maßnahmen dürfen wir dazu unsere Füße mit einem guten durchblutungsfördernden Fußbalsam verwöhnen. Meist sind diese Fußcremes mit ätherischen Ölen angereichert. Aber wir können die Füße auch mit einer eigenen Ölmischung regelmäßig salben. Besonders wohltuend sind dabei solche mit Rosmarinöl, Sandelholzöl, Bergamotteöl und Weihrauchöl. Für die Massage der Schädelreflexzonen ist der Schneeflockenobsidian als Griffel oder Trommelstein der Edelstein der Wahl. Als Handschmeichler verhilft uns dieser Stein auch zu warmen Händen.

Selbstverständlich besteht das beste Gefäßtraining in regelmäßigen Spaziergängen, Wanderungen, Nordic Walking oder anderen körperlichen Aktivitäten. Damit beeinflussen wir nachhaltig die Funktionstüchtigkeit unserer Blutgefäße und die Weiterleitung der Körperwärme in die Füße.

Kopfweh

Unser Behältnis für den Verstand ist störanfällig. Es pocht an der Schläfe, der Kopf fühlt sich an, als wäre er in Watte gepackt oder wie in einen Schraubstock gespannt, ganz zu schweigen von dem Bienenhaus, das dort summt. Glücklicherweise verschwinden die meisten dieser Missempfindungen wieder von selbst. So vielgestaltig die Symptome sind, so vielfältig sind auch die Ursachen, die dahinterstehen können: Nacken-verspannungen, Probleme mit der Wirbelsäule, Stoffwechselstörungen, Allergien, Medikamente, Blutdruckschwankungen, Überlastungen, lange PC-Sitzungen und vieles mehr. Im Grunde kann jedes Organ den Kopf beeinträchtigen.

Den Betroffenen fällt meist nur der Griff zu den üblichen Schmerz-mitteln ein. Aber diese Präparate beeinträchtigen oft selbst den Kopf. Bis zur Klärung der Ursachen sollten wir daher die Maßnahmen bevor-zugen, die keine Nebenwirkungen verursachen. Hierzu gehören die Re-flexzonenmassagen, die meist genauso schnell wirken wie die gängigen Kopfschmerzmittel.

1. Nackenreflexzonen

Ein typischer Griff bei Spannungskopfschmerz ist der in den Nacken. Offensichtlich wissen wir intuitiv, dass hier eine Möglichkeit besteht, die Muskelspannungen zu verringern und den Kopfschmerz zu lindern. Un-ter dem Muskelansatz zwischen Wirbelsäule und Nacken befinden sich zudem wichtige Schaltstellen für viele Funktionen des Kopfes und der Sinnesorgane.

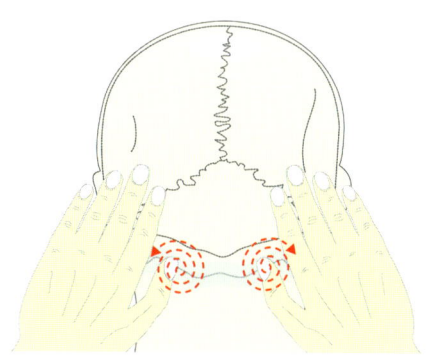

Für diesen Griff nehmen wir den Kopf in unsere Hände. Die Finger liegen außen und die Daumen in der Mitte. So massieren wir mit den beiden Daumen kreisend das Gebiet um die Mitte sanft durch. Nach der Grundentstörung an den Maximalpunkten streichen wir zum Schluss die Nackenlinie nach außen hin aus.

2. Handreflexzonen

Kopfweh ist unangenehm und lästig. Es behindert uns beim Denken und lässt sich nicht einfach abschütteln. In den Handreflexzonen verfügen wir über zwei Bereiche, die uns weiterhelfen können: An den Zonen des Hirnstamms am Daumenendgelenk haben wir Einfluss auf die Nervenversorgung des Kopfes und in den Fingerbeeren befinden sich die Reflexzonen des Gehirns.

Für die Hirnstammzonen hat sich die Grundentstörung bewährt. Allein diese kleine Maßnahme macht oft schon die Situation erträglicher. Wenn wir dazu noch die Fingerbeeren ein paar Minuten sanft knubbeln, können wir häufig erleben, dass sich der drängende Belastungsschmerz auflöst oder zumindest deutlich vermindert.

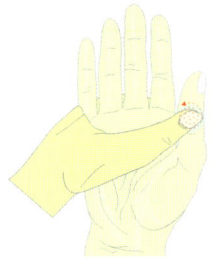 

Begleitende Maßnahmen

Wenn Kopfschmerzen wiederholt auftreten, sollten wir neben den medizinischen auch die seelischen Anteile mit einbeziehen. »Sich den Kopf zerbrechen«

oder »sich etwas in den Kopf steigen lassen« sprechen für solche Aspekte und fordern eine ehrliche Selbstprüfung, wo ein Konflikt unseren Kopf belastet. Die ätherischen Öle, die einen guten Einfluss bei Kopfweh haben, sind Melissenöl, Kardamomöl und Ingweröl (ausprobieren!). Besonders bei Kopfschmerz haben sich auch die Edelsteine Amethyst, Dumortierit (»Take it easy«-Stein) und Granat bewährt.

Die alte indische Medizin kennt meditative Fingerhaltungen für viele Probleme: die »Mudras«. Ein solches Mudra ist auch bei Kopfschmerz höchst wirkungsvoll. Einfach die Finger beider Hände gleichzeitig etwa 1 bis 3 Minuten mit leichtem Druck zusammendrücken und tief in diese Fingerverbindungen atmen.

Lange Autofahrten

Kennen Sie das? Sie sitzen im Auto und spüren ein unangenehmes Ziehen im Nacken. Dabei sind Sie überzeugt, dass Sie ganz ruhig gefahren sind. Unser Körper erlebt jedoch eine Autofahrt völlig anders:

In gleichbleibender Sitzposition mit einer Muskulatur in Erwartungsspannung, muss die Wirbelsäule Beschleunigungen, Bremsmanöver, Kurvenfahrten und Bodenwellen ausgleichen. Dies bedeutet besonders für die Halswirbelsäule Schwerstarbeit, da sie bei alldem den Kopf in der Balance halten muss. Gesellen sich hierzu noch Stresssituationen durch Fahrmanöver, wird das gesamte Gefüge völlig verspannt. Die beste Lösung wären regelmäßige Pausen. Doch leider wird selbst bei längeren Fahrten zwar das Fahrzeug betankt und gecheckt, aber das eigene »Körperfahrzeug« wird sträflich vernachlässigt.

Hier bieten uns die Reflexzonen etwas Entlastung. Mit ein paar Massagegriffen am Kopfansatz und an den Handreflexzonen lassen sich die Nackenspannungen deutlich lindern. (Diese Behandlungen sind selbstverständlich während der Fahrt verboten!)

1. Nackenreflexzonen

Wir kennen diese Zonen aus unserem Alltag: Wenn wir verspannt sind, massieren wir uns instinktiv die Zonen am Schädelansatz. Seit etwa 1950 wissen wir, dass wir über die Nackenlinie einen Einfluss auf die Halswirbelsäule haben, ein Wissen, das leider auch in Fachkreisen wenig bekannt ist.

Dieser Griff lässt sich leicht im Stau oder in der Pause durchführen: Wir halten unseren Kopf wie einen Ball in unseren Händen und wandern sanft mit den Daumen kreisend von der Mitte nach außen und wieder zurück. An den empfindlichen Punkten dürfen wir eine Grundentstörung machen und am Schluss die Nackenlinie nach außen hin ausstreichen.

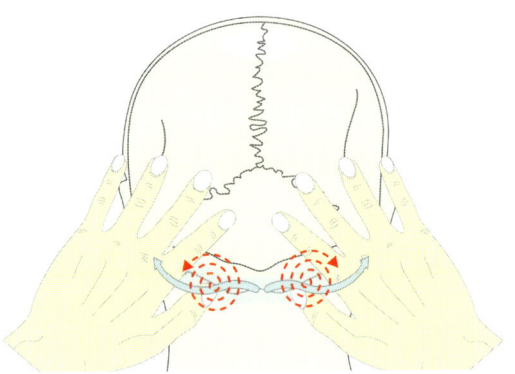

2. Handreflexzonen

Die Handreflexzonen können wir überall dort einsetzen, wo schmerzhafte Spannungen gelöst werden sollen, so auch in den Pausen beim Autofahren.

Wir beginnen mit weichen Kreisungen mit dem Daumen der anderen Hand, bei denen wir bis in die Tiefe des Handballens gehen können. Das nachfolgende Durchbewegen der Fingergrundgelenke lockert über die Reflexzonen die Schultermuskulatur, und danach erhalten auch die Nackenmuskeln über die Innenseite des Daumens Impulse zur Spannungslinderung. Dazu massieren wir diese Reflexzonen in leichten Kreisungen von oben nach unten. Den empfindlichen Punkten sollten wir zudem eine Grundentstörung zukommen lassen.

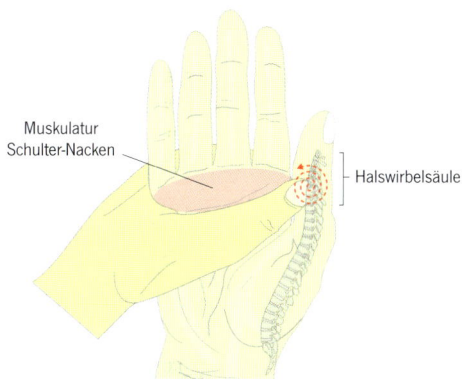

Muskulatur Schulter-Nacken

Halswirbelsäule

Begleitende Maßnahmen

Beim Autofahren besteht die beste Entlastung der Schulter-Nackenregion in ergonomischen Sitzen und ausreichenden Pausen mit viel Bewegung. Außendienstmitarbeiter mit mehr als 40.000 km Fahrleistung jährlich oder Lastwagenfahrer sollten unbedingt ein Abo in einem physiotherapeutisch betreuten Fitness-Studio haben. Damit können sie Rückenproblemen und der Hexenschussgefahr vorbeugen.

Eine weitere gute Begleitung beim Autofahren ist ein Trommelstein oder ein Edelsteingriffel aus Bergkristall, Bronzit oder Magnesit. In der Hosentasche oder als Anhänger ist so ein Talisman eine wertvolle Unterstützung für die Reflexzonenmassage. Darüber hinaus dürfen wir beim Autofahren auch die Reflexzonen am Rücken einsetzen, die beim »guten Flug« beschrieben sind, denn die einseitige Sitzhaltung führt bei Berufsfahrern häufig zu Durchblutungsstörungen der Beine. Zur Vorbeugung gegen diese Probleme gehört nicht nur viel Bewegung, sondern auch eine ausgewogene Ernährung mit vielen Vitalstoffen.

Magendrücken

Haben früher die Völlereien der Fürsten und die Hungersuppen der Armen die Mägen belastet, so bringen heute Döner, Burger, Currywurst und allerlei Süßkram bereits schon bei den Kindern das Verdauungssystem durcheinander. Wenn der Zeitdruck verlangt, die Speisen schnellstmöglich zu verzehren, kommt das Sättigungsgefühl nicht mit. So essen wir zu viel und haben am Ende noch Heißhunger, den wir noch mit einem Dessert stillen wollen. Sollten wir dann noch den Versprechungen der Schokoriegelindustrie folgen, verderben wir uns nicht nur den Magen, sondern füllen dazu auch noch unsere Fettdepots. Dass die Magensäureproduktion dabei völlig aus dem Ruder läuft, erleben wir an den Magenbeschwerden. Weitere Faktoren, die zu diesen Problemen führen, sind Stress und Rauchen. War diese Kombination noch vor 20 Jahren nur bei Managern anzutreffen, so finden wir sie heute in allen Schichten. Mit den Reflexzonen schaffen wir keine Verhaltensänderung, aber zumindest lässt sich darüber der Magen wieder etwas besänftigen.

1. Handreflexzonen

Magenbeschwerden ereilen uns unterwegs immer dann, wenn die Mittel zu Hause in der Schublade liegen. Doch glücklicherweise haben wir unsere Hände immer dabei, wo wir viele Unbilden des Alltags unauffällig auflösen können.

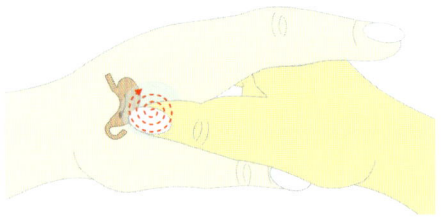

Wir können die Magenzone an der Hand nicht verfehlen. Wenn wir den Daumen gegen den Zeigefinger drücken, erhebt sich dort am Handrücken ein kleiner Muskelhügel. Nach dem Loslassen dürfen wir diesen Reflexzonenbereich durchmassieren und den Maximalpunkt mit der Grundentstörung behandeln. Dieser Reflexzonenpunkt entspricht einem Akupressurpunkt, der auch in China dafür verwendet wird.

2. Fußreflexzonen

Wenn wiederholt Magenprobleme auftauchen, ist eine fachliche Abklärung angesagt. Unabhängig davon, können die Reflexzonenmassagen der Füße die grundlegende Situation verbessern. Die Instanz, die hier behandelt wird, ist das Sonnengeflecht des vegetativen Nervensystems, das über Wohl und Unwohlsein im Oberbauch bestimmt.

Nach einer schönen umfassenden Reflexzonenmassage, die beide Füße einbezieht, erfolgen erkundende Kreisungen in der Region um die Reflexzonen des Sonnengeflechts. Bei den Grundentstörungen an den empfindlichsten Punkten werden wir häufig eine verzögerte Entspannung feststellen. Dafür ist sie sehr nachhaltig.

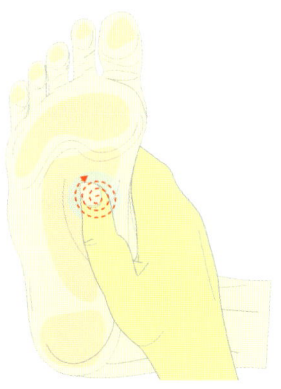

Begleitende Maßnahmen

Eigentlich ist der Magen ein gutmütiges Organ, das uns fast alle Fehler verzeiht. Wenn wir es allerdings mit falscher Ernährung, Stress, Nikotin und Alkohol übertreiben, reagiert er mit einem Reizmagen. Daher bestehen die besten Ansätze in Essensumstellungen und Änderungen der Lebensgewohnheiten. Ist der Magen gereizt, beruhigen ihn Rollkuren mit Haferschleim. Eine wichtige Säule zur Beschwerdelinderung sind zudem Kräutertees. Ein Beispiel dafür wäre ein Tee aus Kamille 25 g, Schafgarbe 25 g, Angelikawurzel 30 g und Pfefferminze 20 g (ca. 10 Min. ziehen lassen, 3 Wochen lang 2 Tassen täglich). Wenn uns Sodbrennen plagt, können wir mit einem Stückchen roher Kartoffel (etwa die Größe einer Daumenkuppe – gut kauen!) die Symptome innerhalb von Minuten besänftigen. Die ätherischen Öle zur Reflexzonenmassage sind Kümmelöl, Vetiveröl oder Kardamomöl und die Edelsteine Chalcedon, Dolomit und Zitrin. Schlussendlich geht es beim Magen ums Genießen, und das, beklagen Spitzenköche, sind wir dabei zu verlernen.

Männerbeschwerden

Ein Blick in die ärztlichen Wartezimmer legt uns die Frage nahe: Ist das männliche Geschlecht das gesündere? Leider nein. Männer sind nur weniger aufmerksam als Frauen, was Krankheiten anbelangt. Dabei sind Männer deutlich risikofreudiger, haben eine höhere Unfallquote, sind verletzungsanfälliger und haben höhere Gefährdungen durch Herzinfarkt oder Schlaganfall. Schließlich steht bei den männlichen Wechseljahren das Thema Prostatavergrößerung im Raum. Zwar sind die Beschwerden in den meisten Fällen nicht schmerzhaft, aber der permanente Harndrang ist lästig und höchst unangenehm. Bei der Entleerung kommt ein schwacher Harnstrahl, der keine wesentliche Erleichterung bringt. Zudem nagt die Sorge, dass »Mann« im Bett nicht mehr so kann, die »erektile Dysfunktion« nagt gewaltig am männlichen Selbstvertrauen.

Risiko und Potenz sind leider nicht über die Reflexzonen beeinfluss-bar. Dafür haben sie sich die Nasen- und Handreflexzonen für die Be-gleiterscheinungen der Prostatabeschwerden bewährt.

1. Die Reflexzonen in der Nase

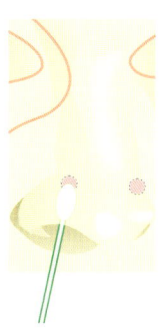

Nase und Geschlechtsorgane sind die beiden Organe im Körper, die Schwellkörper besitzen. Diese Ent-deckung wurde erst um 1900 therapeutisch einge-setzt. Viel früher jedoch haben die Inder diese Zonen zur Steigerung der Gebärfähigkeit genutzt und dazu die Nasenflügel »gepierced«. So ist es keine Überra-schung, dass die Reflexzonenmassage in diesen Zo-nen die Hormon- und Geschlechtsfunktionen norma-lisiert. Dazu benutzen wir ein Wattestäbchen, das wir in einer Ölmischung (Malvenöl zu Sandelholzöl 10:1) tränken. Damit massieren wir sanft etwa 1 - 2 Minuten jede Nasenseite innen durch. Bei Störungen oder unangenehmen Gefühlen die Massage bitte sofort abbrechen.

2. Hand- und Fußreflexzonen

Die Reflexzonen der Prostata sind an Händen und Füßen gleichermaßen erreichbar. Die Reflexzonenmassagen an den Füßen eignen sich als aus-gleichende Maßnahme am Abend, die eine grundlegende Umstimmung veranlassen, während die Handreflexzonen als Nothelfer während des Tages dienen.

Im Hand- und Fußwurzelbereich bei den Knöcheln befinden sich die Unterleibszonen. Während bei den Füßen eine ausgiebige Reflexzonen-massage der gesamten Füße vor den gezielten Grundentstörungen an den maximalen Punkten vorausgeht, können wir diese an den Händen bei Bedarf einsetzen und anschließend kreisend ausstreichen.

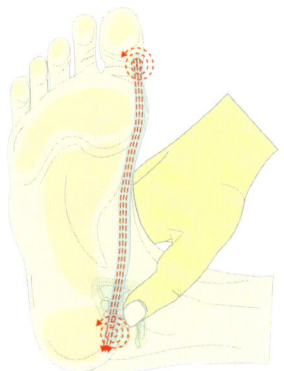

Begleitende Maßnahmen

Auch Männer haben Wechseljahre. Etwa ab dem Alter zwischen 50 und 60 vergrößert sich bei vielen Männern ein kastaniengroßes Organ im Unterleib: die Prostata. Spätestens ab da sind Vorsorgeuntersuchungen angesagt. Die Maßnahmen, um die Prostata fit zu halten, beschränken sich dabei nicht nur auf den Unterleib: viel Bewegung, wenig Sitzen, fettarme Kost, wenig Alkohol, viel Flüssigkeit, sexuelle Aktivität sowie erhöhte Vitamin- und Zinkzufuhr zum Abfangen der Freien Radikale. Bei den pflanzlichen Präparaten, die auf diese Probleme wirken, sind jene zu nennen, die aus Brennesselwurzeln, Kürbiskernen, Sägepalmenfrüchten und Roggenpollen hergestellt werden.

Für die Reflexzonenmassage können wir folgende ätherischen Öle einsetzen: Sandelholzöl und Muskatellersalbeiöl. Und bei den Edelsteinen wirken auf die männlichen Hormone: Rubin-Zoistit, Thulit, roter Jaspis und Granat. Ob die Lustfähigkeit stark bleibt, ist dann meist ein Thema unseres größten Geschlechtsorgans, das nicht zwischen den Beinen, sondern zwischen den Ohren sitzt.

Rückenbeschwerden

Fast die Hälfte von uns spürt täglich den Rücken auf unangenehme Weise. Dabei sind die Ursachen nicht so klar, wie es auf den ersten Blick scheint. So ist ein Arbeitsloser deutlich stärker gefährdet, an Rückenschmerzen zu leiden, als ein Angestellter, und ein Akademiker hat bessere Chancen ohne Bandscheibenvorfall zu bleiben als ein Hauptschulabgänger. Die Lösungen hingegen sind für alle Betroffenen gleich: mehr Bewegung, weniger Stress und gute Entspannung. Glücklicherweise verschwinden mehr als 90% der Rückenbeschwerden innerhalb von Tagen bis Wochen wieder von selbst. In dieser Zeit ist jedoch die Lebensqualität massiv eingeschränkt. Dieser unfreiwillige Rückzug ist eine Gelegenheit, nach den Hintergründen dieser Einschränkung zu fahnden. Dazu gehört neben der medizinischen Abklärung auch die Überprüfung der Lebensgewohnheiten. Die Reflexzonen helfen dabei, die Spirale von Schmerz – Spannung – mehr Schmerz zu unterbrechen, und beschleunigen die Rückkehr in den Alltag.

1. Handreflexzonen

Die Reflexzonen an den Händen bringen Linderung für den Rücken. Diese Erfahrung konnten bereits viele Betroffene machen. Nach Streichungen entlang der Wirbelsäulenzonen von oben nach unten erkunden wir in gleicher Richtung systematisch diese Zonen mit kleinen Kreisungen. Die empfindlichen Reflexzonenpunkte sollten wir dabei grundentstören. Die Anwendungen haben gezeigt, dass die maximalen Beschwerdebereiche am intensivsten reagieren und am längsten zum Entspannen benötigen (dennoch immer angenehm bleiben!). Zur Unterstützung können wir in den betreffenden Punkt gezielt hineinatmen und dort einen gedanklichen Luftballon aufblasen.

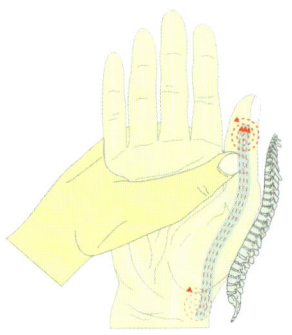

2. Ohrreflexzonen

Diese Form der Problemlösung hat Tradition, wie bereits Nogier fest-stellte, als er um 1950 auf dieses Reflexzonensystem stieß. Einige sei-ner Patienten hatten kleine Verbrennungszeichen am Ohr, die ihnen von Zigeunern mit Erfolg gegen die Rückenschmerzen beigebracht wurden.

Für den Hausgebrauch brauchen wir diese Reflexzonen nicht so dra-matisch behandeln. Die Fingermassage der Zonen zwischen Daumen und Zeigefinger hat durchaus auch das Potential, die Schmerzen zu reduzieren. Insbesondere, wenn die Grundentstörung stündlich wieder-holt wird, stellt sich erfahrungsgemäß rasch eine Linderung ein.

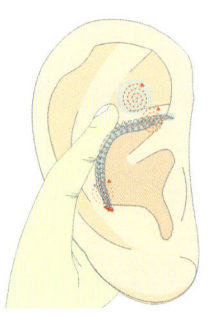

Begleitende Maßnahmen

Bei allen Rückenbeschwerden besteht das Hauptziel darin, mit einer ausgeglichenen und tragfähigen Spannung der Rückenmuskulatur das gesamte Wirbelsäulengefüge zu stabilisieren und auch die Bauchmuskulatur zu kräftigen. Ist dieses Gleichgewicht wieder hergestellt, geht es dem Rücken gut. Hierzu sind die Physiotherapeuten die richtige Adresse. Zur Spannung gehört auch die Entspannung. Autogenes Training oder Meditationen helfen hier weiter. Ein Faktor, der oft unterschätzt wird, ist das Rauchen. So wird in der Fachwelt seit geraumer Zeit die »Raucherbandscheibe« diskutiert, da Raucher eine erhöhte Wahrscheinlichkeit zu Problemen mit dem Rücken haben.

Als Ergänzung für die Reflexzonenmassagen und zum Einreiben in den Rücken sind folgende ätherischen Öle geeignet: Bergamotteöl, Dillöl, Sandelholzöl, Weihrauchöl, Majoranöl und Rosmarinöl. Bei den Edelsteinen helfen besonders gut zur Massage und zum Auflegen: Trommelsteine aus Bergkristall, Tigerauge und Rhodonit.

Schnupfen

Ha-tschi! Diese Fanfare offenbart: Wir haben einen Schnupfen. Aber keine Sorge. Seit jeher wissen wir, dass er harmlos ist und sechs Tage dauert: Zwei Tage kommt er, zwei Tage bleibt er, zwei Tage geht er. Nach einem anfänglichen Kribbeln beginnt die Nase zu laufen. Einer von den vielen Schnupfenviren hat die Abwehrbarrieren überwunden, sich in der Schleimhaut festgesetzt und überschwemmt nun den gesamten Organismus. Die Schleimhäute schwellen an, die Nase ist verstopft, und wir fühlen uns abgeschlagen. Dagegen helfen keine Antibiotika, dafür aber allgemeine immunstärkende Maßnahmen, Homöopathie und Vitamine. Unser Immunsystem hat inzwischen Gegenmaßnahmen eingeleitet und führt nun eine erfolgreiche Abwehrschlacht. Dabei werden Zellen erneuert, und es müssen die Virenleichen entsorgt werden. Diese Aufräumarbeiten können wir unterstützen, indem wir viel trinken. Schließlich schwellen die Schleimhäute wieder ab. Die Reflexzonen helfen dabei, die Nase frei und den Kopf klar zu halten.

1. Handreflexzonen

Die Reflexzonenmassagen an der Hand sorgen beim Schnupfen für einen klaren Kopf und helfen mit, die Schleimhäute im gesamten Nasen-Rachenraum für die Luft offenzuhalten. Vor allem aber sind diese Griffe überall und immer anwendbar. Die wichtigsten Reflexzonen dafür sind die Innenseiten zwischen Daumen und Zeigefinger. Diese Strecken dürfen wir 1 - 2 Mal täglich ausgiebig mit weichen Kreisen durchmassieren und die aktivsten Reflexzonenpunkte grundentstören. Zwischendrin können wir zum besseren Lymphabfluss die »Schwimmhäute« zwischen den Fingern stündlich sanft »melken«.

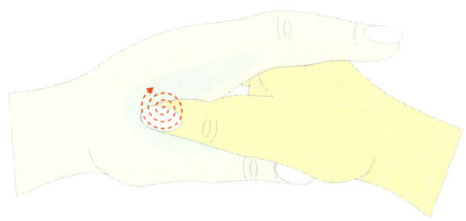

2. Ohrreflexzonen

Die Reflexzonen am Ohr werden allgemein unterschätzt. Ein Beispiel dafür ist ein Griff am Ohr, der überraschend schnell nicht nur bei Schnupfen eine freie Nase bringt. Auch bei allergischen Nasenverstopfungen wird die Nase dadurch wieder durchlässiger. Fairerweise müssen wir aber dazusagen, dass die Wirkung etwa nur jeweils 10 - 15 Minuten anhält. Gegen Viren sind leider

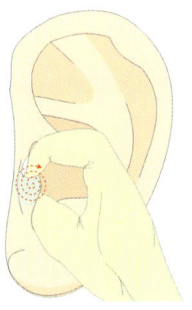

auch die Reflexzonen machtlos. Aber zum Glück können wir den Griff bedenkenlos wiederholen. Dazu brauchen wir nur das Ohrzäpfchen vor dem Gehörgang leicht zu massieren und wie mit der Grundentstörung drücken. Der Erfolg stellt sich innerhalb von etwa 20 - 30 Sekunden ein.

Begleitende Maßnahmen

Viren betreffen immer den gesamten Organismus. Auch wenn jeder Virenstamm sein bevorzugtes Organ befällt, müssen sie vom Abwehrsystem überall bekämpft werden. So wirken die Käutertees (siehe Erkältung) nicht nur lokal, sondern auch über die Schaltstellen des Immunsystems im Darm. Zur Erleichterung der Immunarbeit benötigen die Abwehrzellen Hilfsstoffe. Insbesondere sind dies die Vitamine C und E, Enzyme und Zink.

Die lokalen Maßnahmen bei einem Schnupfen haben das Ziel, die Schleimhäute abschwellen zu lassen. Dafür verfügen wir über eine Fülle von homöopathischen Nasentropfen und Sprays. Daher können wir auf solche mit gefäßverengenden Wirkstoffen verzichten, zumal diese abhängig machen können. Oft genügt es, die Nase mit Kochsalzlösung oder Dampfbädern zu befeuchten. Zur Dampfinhalation wie auch für die Reflexzonen sind Kamillenöl, Fichtennadelöl und Lavendelöl geeignet. Heliotrop, Chalcedon und Fluorit sind zudem die Edelsteine, die uns einen Schnupfen besser überstehen lassen.

Stressbelastungen

Muße zu finden, ist schwierig geworden. Unserem Wunsch nach Entspannung stehen zunehmende Anforderungen in Beruf und Privatleben gegenüber – und dennoch hoffen wir, dass wir abschalten können. Und sogar dann, wenn wir Ruhe hätten, laufen wir in Gedanken in unserem inneren Hamsterrad weiter, das nicht zum Stillstand kommt. Natürlich reichen bei schweren Beeinträchtigungen die Reflexzonen nicht aus. Fachkundige Abklärung, Autogenes Training, Jackobsen Entspannung oder weitergehend Medikamente sind dann die Mittel der Wahl. Bei leichten Stressstörungen aber helfen die Reflexzonen sehr gut, das Hamsterrad zu bremsen und aus der Stress-Spirale auszusteigen.

Bei der Umschaltung in die Entspannungsrichtung haben sich die Reflexzonen an den Füßen, den Händen und im Gesicht besonders bewährt. Während die an den Füßen nach einem stressigen Tag das Abschalten ermöglichen und die an den Händen als Notbremse im Alltag zum Einsatz kommen, sind die im Gesicht als Tiefenentspannung bei Ihrer Kosmetikerin oder in Wellness-Einrichtungen geeignet.

1. Fußreflexzonen

Über diese Massagen an den zwei Zentren am oberen und unteren Ende der Wirbelsäule lässt sich das Stresspotential deutlich reduzieren. Zum Beginn streichen wir 5 - 7 Mal die Großzehenseiten der Füße nach unten zur Ferse hin und atmen bei jedem Strich langsam aus. Im Anschluss gehen wir langsam in kleinen Zirkelungen die gleiche Strecke ab, und schließlich machen wir am Großzehenendgelenk und unten im Bereich des Innenknöchels an den empfindlichen Punkten die Grundentstörung. Am Ende streichen wir die Verbindung zwischen Oben und Unten noch einmal aus. An den Handreflexzonen sind die Punkte und Anwendungsweise gleich.

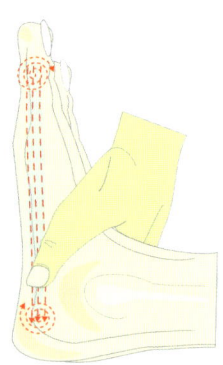

2. Gesichtsreflexzonen

Kosmetikerinnen und ihre Kundinnen wissen, wie entspannend und stressabbauend eine Gesichtsmassage sein kann. Dabei werden über die Reflexzonen alle Organe emotional »durchsaftet« und erhalten die Energie, die sie benötigen. Besprechungspausen sind eine gute Gelegenheit, die eigenen Gesichtsreflexzonen kurz durchzumassieren. Weiche kreisende Bewegungen verschieben dabei die Haut und die Gesichtsmuskeln. Die Wirkung ist verblüffend, vor allem dann, wenn man erholt aus der Pause kommt, während die anderen noch gestresst sind. Die schönste Variante besteht natürlich in einer ausgiebigen und professionellen Reflexzonenmassage des Gesichts.

Begleitende Maßnahmen

Ganz gleich, ob wir uns vor einer Besprechung stabilisieren oder eine ausgedehnte Entspannungssitzung erhalten; Stressabbau benötigt immer einen Rahmen. Dies kann ein ausgedehntes Zeitfenster sein, in dem wir uns ausreichend Raum zum Genießen geben, während vor einem Businessmeeting oft nur ein paar bewusste Atemzüge genügen. In beiden Fällen werden wir aber in der Lage sein, unsere mentalen Reserven schneller wieder aufzufüllen.

Eine altbewährte Methode, um nachts zur Ruhe zu kommen, bietet ein Lavendelkissen. Dazu benötigen wir getrockneten Lavendel aus dem Kräuterladen,

den wir in ein Baumwollsäckchen geben und verschnürt unter das Kopfkissen legen. Dies vertreibt nicht nur die Mücken, sondern auch unnötige Gedanken und vertieft den Schlaf. Lavendelöl ist auch das passende Öl für die Reflexzonenmassagen. Als Talisman und zur Massage gegen Stressbelastungen eignet sich ein Trommelstein oder Edelsteingriffel aus schwarzem Turmalin, Tigerauge und Bronzit.

Überlastungen am Schreibtisch

Seit Erfindung der Schreibmaschine ist Schreibtischarbeit eine große Belastung für die Nackenmuskulatur. Hatten wir gehofft, dies würde sich mit dem Computer ändern, so mussten wir leider erleben, dass sich die Anforderungen nur gewandelt, aber nicht verbessert haben. Die mechanische Beanspruchung der Hände wurde durch die Bildschirmarbeit mit ihren Schulter-Nacken-Problemen abgelöst.

Ein weiteres Thema am Schreibtisch sind die Motivationstiefs: Wir sitzen am Schreibtisch, und eigentlich sollte der anstehende Vorgang längst bearbeitet sein. Doch wir spielen mit dem Kugelschreiber oder sinnieren vor uns hin. Wenn die Motivation fehlt, lässt sich der Transchleier vor den Augen einfach nicht zerreißen, und die Unterlagen bleiben weiter liegen. Dies sind Fälle für die Reflexzonen. Gegen die Verspannungen helfen die Handreflexzonen und zur Motivationssteigerung genügen ein paar Massagegriffe an den Ohren sowie eine Fingerübung mit Atembegleitung.

1. Handreflexzonen

Diese Anwendungen erlauben eine unauffällige Beschwerdelinderung im Büro. Nach weichen Kreisungen bis tief in den Handballen werden die Fingergrundgelenke durchbewegt. Damit lockern wir die Schultermuskulatur. Anschließend erhalten die Nackenmuskeln ihre Zuwendung. Dazu massieren wir an der Innenseite des Daumens mit leichten Kreisungen von oben nach unten die Zonen der Halswirbelsäule und versorgen die empfindlichen Punkte mit der Grundentstörung.

Der »Handgriff« für die Motivation wirkt über die Gehirnzonen, die sich in den Fingerkuppen befinden. Einfach die Kuppen zusammenlegen und leicht gegeneinander massieren. Dabei 3 - 4 Mal tief durchatmen.

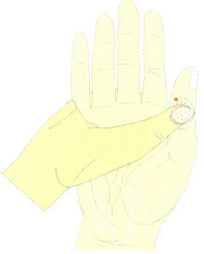

2. Reflexzonen am Ohr

Manche Menschen zupfen sich am Ohrläppchen, wenn sie sich konzentrieren wollen. Genau hier befinden sich Gehirnzonen. Wieder einmal bestätigt sich, dass wir intuitiv die Reflexzonen nutzen, die wir benötigen. So können wir über diese Zonen mit diesen einfachen Ohrgriffen die Motivation, die Konzentration und das Gedächtnis verbessern: Dazu dürfen wir die Ohrläppchen ausgiebig zwischen Daumen und Zeigefinger durchknubbeln und in diese Reflexzonen kreisend massieren. Selbstverständlich müssen auch bei intensiven Massagen die Griffe immer angenehm bleiben. Den Abschluss bilden Streichungen, so als wollten wir sanft die Ohrläppchen lang ziehen.

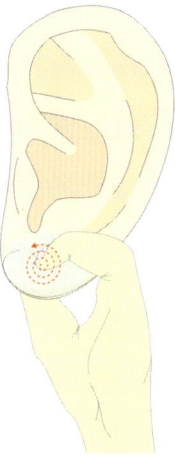

Begleitende Maßnahmen

Für das Wohlergehen am Schreibtisch sind im Wesentlichen zwei Faktoren maßgeblich: die Atmosphäre im Büro und die Sitzqualität. Bei einer problematischen Bürostimmung entsteht Stress, und eine schlechte Sitzhaltung belastet den gesamten Bewegungsapparat. Auf alle Fälle benötigt Büroarbeit einen sportlichen Ausgleich. Die sinnvollsten Betätigungen dafür wären Nordic Walking oder Fitnesstraining. Zum seelischen Ausgleich gehört dann noch ein erholsamer Urlaub zur Entspannung.

Ergänzend zu den Reflexzonenmassagen können wir die ätherische Öle Weihrauch, Majoran, Rosmarin und Zypresse verwenden. Als verdünnte Ölmischung bieten diese auch ein Einreibeöl für die Spannungen in Schulter und Nacken. Bei den Edelsteinen sind besonders der rote Jaspis und der Amethyst zu erwähnen. Diese Edelsteine bringen Energie in diese Gebiete. Eine weitere Ergänzung zu den beiden Anwendungen an Händen und Ohren sind die Reflexzonen an der Nackenlinie, die im Kapitel »Kopfweh« beschrieben sind.

Verdauungsprobleme

»Der Tod sitzt im Darm«, sagte F. X. Mayr bereits Anfang des 20. Jahrhunderts. Von einer guten Verdauung hängt vieles ab, vor allem aber Gesundheit und Zufriedenheit. Die Organsprache des Darms weist auf diese Zusammenhänge hin: »Es wühlt im Bauch«, »Wir haben eine Wut im Bauch« oder möglicherweise haben wir »Schiss« davor, dass etwas »in die Hose geht«.

Der Dickdarm ist für die Entsorgung der Überreste und Abfallstoffe zuständig und weist daneben als Seelenanzeiger darauf hin, wenn wir Körperliches oder Seelisches nicht verdauen können. Hierbei sind besonders die Reflexzonen des Dickdarms im Gesicht bedeutsam. Dort kommen dann häufig in der Region um das Kinn Hautunreinheiten zum Vorschein. Leider haben diese Zonen in der direkten Behandlung keine überzeugenden Effekte, aber im Zuge einer kosmetischen Gesichtsmassage werden diese Zonen immer mitbehandelt. Dafür können wir um so besser in den Fuß- und Zungenreflexzonen auf die Verdauungsfunktionen von Leib und Seele einwirken und befreiende Erfahrungen im wahrsten Sinne erzielen.

1. Zungenreflexzonen

Wir können uns fast nicht vorstellen, dass dieser Muskel in unserem Mund ein Reflexzonensystem sein soll. Was im Ayurveda seit mehr als 3.000 Jahren bekannt ist, konnte auch bei uns bestätigt werden: Die Zunge ist ein Spiegelbild unseres gesamten Verdauungssystems. Im Rahmen ihres täglichen Reinigungsrituals entfernen die Inder mit dem Zungenschaben nicht nur den Belag, sondern regen mit einer effektiven Reflexzonenbehandlung die Verdauung an. Für die praktische Anwendung dürfen wir auch bei uns bei Verdauungsschwierigkeiten nach dem morgendlichen Zähneputzen mit einer zweiten Zahnbürste oder einem Zungenschaber die Zungenoberseite sanft massieren.

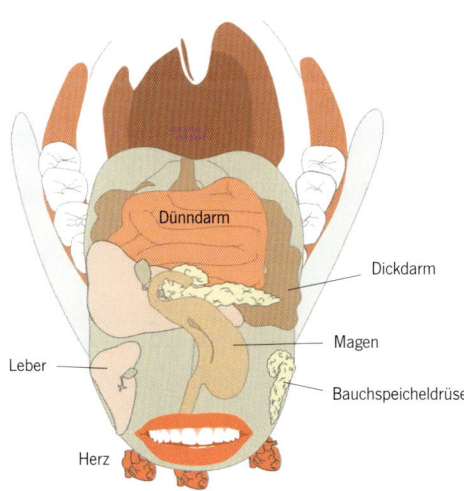

2. Fußreflexzonen

Bei Verdauungsproblemen sind diese Reflexzonenbehandlungen höchst erfolgreich. Dabei erleben wir häufig, dass die Behandelten am Ende einer solchen Massage spontan zur Toilette müssen, und es ist durchaus nicht selten, dass am gleichen oder am nächsten Tag eine höhere Stuhlgangfrequenz einsetzt.

Bei der Behandlung sind sanfte intensive Kreisungen die Griffe der Wahl, die durch Grundentstörungen an den empfindlichen Punkten mit anschließenden Sonnenstrichen ergänzt werden. Bei länger bestehenden Verdauungsproblemen sollten anfangs zwei Behandlungen wöchentlich genommen werden. Später ist dann ein 14-tägiger Rhythmus zu empfehlen.

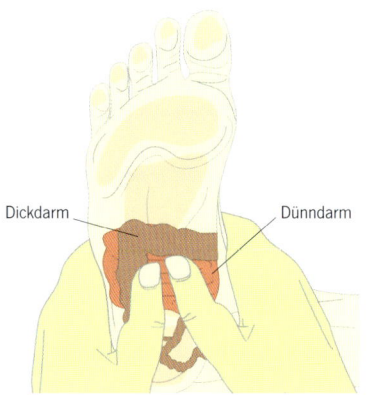

Dickdarm   Dünndarm

Begleitende Maßnahmen

Bei Verdauungsproblemen handelt es sich meistens um die Folgen von langjährigen Ernährungsfehlern, häufig kombiniert mit Bewegungsmangel. Daher ist es sinnvoll, diese Behandlungen zur Umstellung auf eine vollwertige und ballaststoffreiche Ernährung zu nutzen. Auf Abführmittel sollten wir verzichten, da diese den Darm abhängig machen. Dafür dürfen wir den Darm trainieren, sich täglich immer zur gleichen Zeit zu entleeren.

Einer der wichtigsten Punkte für den Darm ist die Bewegung. Der innere Hüftmuskel, der bei jedem Schritt das Bein nach vorne hebt, massiert beim Gehen und Laufen den Darm und unterstützt so seine Tätigkeit. Damit aktivieren wir den Stoffwechsel und die Verbrennung von Kalorien. Derartig begleitet, macht auch ein Verdauungstee Sinn, der mit aromatischen Bitterstoffen die Darmbewegungen anregt und auch noch entschlackt: Angelikawurzel 30 g, Kalmuswurzel 20 g, Tausendguldenkraut 10 g, Minzenblätter 20 g und Beifußkraut 10 g (ca. 8 min. ziehen lassen – 1 Tasse täglich, etwa 14 Tage lang).

Wetterfühligkeit

Haben Sie auch ein inneres Barometer, mit dem Sie zuverlässig einen anstehenden Wetterwechsel vorhersagen können? Leider sind diese Anzeichen meist unangenehm: Eine Narbe beginnt zu ziehen, Gelenke werden unbeweglich, und der Kopf fühlt sich an, als beherberge er einen Ameisenhaufen.

Tiere reagieren sehr feinfühlig auf Wetterveränderungen. Neben den berühmten Wetterfrosch und anderen Beispielen gilt dies auch für das Säugetier Mensch. So verändert sich der elektrische Widerstand unseres Körpers, wenn wir uns auf Wasseradern aufhalten. Seit jeher haben dies Wünschelrutengänger mit ihren Instrumenten gespürt und nach Brunnen gesucht. Mit den Lebensjahren nehmen diese Fähigkeiten zu, leider aber auch die Beschwerden. Die häufigste Strategie besteht darin, mit Schmerzmitteln die Symptome zu unterdrücken oder einfach abzuwarten, bis sich die Großwetterlage wieder ändert. Die Reflexzonen können mehr, da sie über das vegetative Nervensystem auf das Körpergeschehen Einfluss nehmen.

1. Reflexzonen am Ohr

Die Reflexzonenmassagen am Ohr kappen die Beschwerdespitzen beim Wetterumschwung über das vegetative Nervensystem. Nogier hat am

Ohr die »vegetative Rinne« entdeckt. Diese Rinne befindet sich im Ohrumschlag vor dem äußeren Ohrrand. Zudem sorgen bei dieser Anwendung die Wirbelsäulenzonen im Ohr für Erleichterung. Wir beginnen mit ausgiebigen Streichungen mit dem Daumen entlang der Wirbelsäulenzonen vom Ohrläppchen aus nach oben (etwa 5 Mal). Im Anschluss daran folgen wir mit der gleichen Technik der vegetativen Rinne nach oben. Am besten wirken diese Anwendungen, wenn sie an den beschwerlichen Tagen stündlich wiederholt werden.

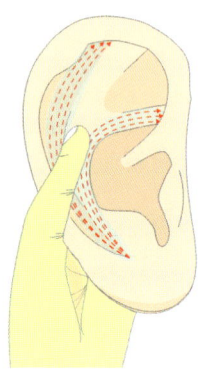

2. Fußreflexzonen

Für die Umstimmung bei Wetterfühligkeit können wir am Abend den Füßen eine schöne Reflexzonenmassage verabreichen. Dabei sind die Zonen von drei Steuerungszentren des vegetativen Nervensystems

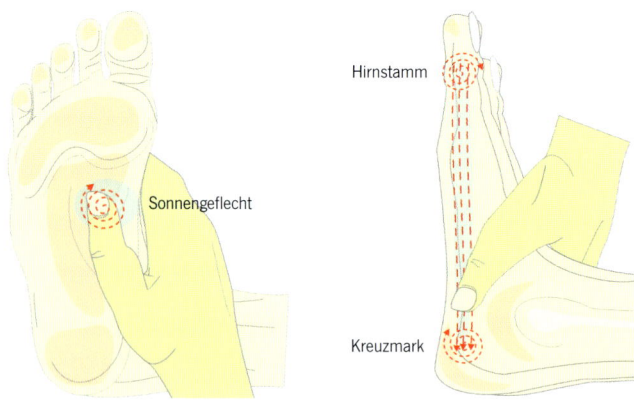

besonders wirkungsvoll: die Reflexzonen des Sonnengeflechts, des Hirnstamms und des Kreuzmarks. Dazu dürfen wir nach einer allgemeinen Massage der Füße und ausgiebigen Streichungen entlang der Wirbelsäulenzonen nach unten Richtung Ferse die Reflexzonen der oben genannten Steuerungszentren mit Grundentstörungen behandeln. Den Abschluss bilden wieder Streichungen. Dabei stellt sich meist eine wohlige Entspanntheit ein.

Begleitende Maßnahmen

Ein wichtiges Thema bei Wetterfühligkeit sind Störfelder. Dies können zum Beispiel Narben sein. Aber auch chronische Entzündungen wie eitrige Zahnherde sind oft dafür verantwortlich. Als weitere Ursache sollte das Schlaf- und Wohnumfeld überprüft werden. Hier stören besonders die Stoffwechselbelastungen mit gespritztem Obst und Gemüse, Wohnraumgifte oder die Störungen durch Erdstrahlen. Wenn wir diesen Faktoren längere Zeit ausgesetzt sind, wird der Stoffwechsel beeinträchtigt und ist nicht mehr so belastbar. Dadurch reagieren wir schneller auf die Anforderung, die uns ein Wetterwechsel abverlangt. Am Wichtigsten ist daher die Klärung und Ausschaltung dieser inneren und äußeren Störfaktoren. Die Reflexzonen können diese Faktoren nicht ausschalten, aber sie bringen häufig eine Linderung. Begleitend dazu eignet sich alles, was den Stoffwechsel entlastet. Neben einem Rheumatee können wir zur Reflexzonenmassage Rosmarinöl und Weihrauchöl (immer verdünnt !) einsetzen.

Zahnschmerz

Wir fürchten uns zu Unrecht vor dem Zahnarzt. Denn weh tut's vorher oder nachher, aber auf dem Behandlungsstuhl ist es dank lokaler Betäubung meist nur die Angst, die uns umtreibt. – Bis zum Termin oder nach der Zahnbehandlung haben die Reflexzonen schon vielfach die Beschwerden lindern können. Dennoch: Die erste Adresse für dieses Problem ist immer die Zahnarztpraxis.

Die Griffe an den Händen und Ohren können noch mehr: Sie fördern den Lymphabfluss und lassen damit die Schwellungen schneller zurückgehen, die mit vielen Zahnbehandlungen einhergehen.

Die Reflexzonen am Ohr und an der Hand lassen sich für alle Probleme des Mundraums einsetzen: von der Unterstützung bei Herpesbläschen an den Lippen bis zur Linderung von Rachenschmerzen bei Heiserkeit. Der wesentliche Griff ist dabei fast immer die Grundentstörung, die bei solchen Problemen manchmal etwas länger dauert. Dennoch gilt auch hier uneingeschränkt der Grundsatz: Bleiben Sie immer angenehm!

1. Handreflexzonen

Die Reflexzonen, die für die Zähne zuständig sind, befinden sich in der Region oberhalb und unterhalb der Fingergrundgelenke. Dabei sind die Zonen der Zähne des Oberkiefers fingerwärts angesiedelt und die des Unterkiefers handwärts.

Für die Behandlung dürfen wir das gesamte Gebiet kreisend ertasten und nach empfindlichen Stellen fahnden. Überall dort, wo ein unangenehmer Reflexzonenpunkt auftaucht, ist eine Grundentstörung angesagt. Dabei werden wir feststellen, dass ein oder zwei dieser Stellen besonders intensiv reagieren. Oft lassen diese Maximalpunkte erst nach ein oder zwei Wiederholungen im Abstand von etwa 15 Minuten nach.

2. Ohrreflexzonen

Mit diesem Reflexzonensystem tragen wir eine gewaltige Potenz zur Schmerzlinderung mit uns herum, und es ist faszinierend, wie schnell und nachhaltig diese Zonen bei Zahnschmerzen wirken.

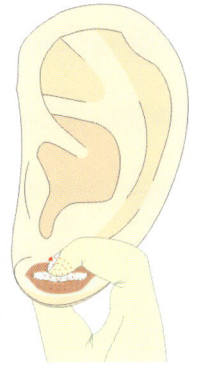

Die Reflexzonen dafür befinden sich im Übergangsbereich vom Ohrläppchen zur Ohrmuschel. Da diese Zonen mit Sicherheit empfindlich sind, dürfen wir sie nur sehr vorsichtig massieren. Manchmal ist es auch nicht möglich, diese Zonen beim ersten Mal zu entstören. Üblicherweise stellt sich aber nach der zweiten oder dritten Grundentstörung (im Abstand von 15 Minuten) eine Erleichterung ein. Am Ende immer die Ohren sanft ausstreichen.

Begleitende Maßnahmen

Diese Empfehlungen gibt jeder Zahnarzt: gute Zahnpflege, Heißes und Kaltes an den Zähnen meiden, Kältepackungen an der Wange bei Schwellungen und Einnahme von Schmerzmitteln bei Bedarf. Die Schmerzmittel lassen sich vielfach durch die Reflexzonenbehandlung ersetzen, und für Notfälle kommen Mundspülungen mit einer Nelkenöllösung zum Einsatz (1 - 2 Tropfen Nelkenöl in 1 Glas Wasser). Aus der Steinheilkunde wissen wir, dass Sugilith, ein wunderschöner violetter Edelstein, die Zahnschmerzen besänftigen kann. Diesen Trommelstein haben gute Steineläden vorrätig. Letztendlich ist aber bei Zahnproblemen immer die Vorsorge und die qualifizierte Pflege die beste Ergänzung.

Wegweiser für die Reflexzonen-Tafeln auf den folgenden Seiten

Wo finde ich auf der Tafel meine rechte Schulter, die mir Probleme macht und wo ist mein oberer linker Weisheitszahn, der morgen gezogen wird? Um diese Fragen zu beantworten brauchen wir nur den drei Regeln der Handreflexzonen zu folgen:

1. Links-Rechts Regel: Alle Organe der rechten Körperseite finden wir an der rechten Hand und die von der linken Seite an der linken Hand. Die Mittellinie des Körpers ist dabei zwischen den aneinandergelegten Daumen. Die rechte Schulter ist also an der rechten Hand ganz außen und der Weisheitszahn zwischen linkem Mittel- und Ringfinger.

2. Vorne-Hinten Regel: Alle Organe auf der Körpervorderseite, wie Nase oder Bauch haben ihre Reflexzonen auf der Handoberseite und alle rückwärtigen Organe, wie Nacken oder Po an den Handflächen. Die inneren Organe und die Gelenke erreichen wir an beiden Seiten der Hände. Das schmerzende Schultergelenk und der Weisheitszahn sind sowohl oben wie auch unten an der Hand vertreten.

3. Etagenregel: Der Körper ist wie in einem dreidimensionalen Abbild auf den Handreflexzonen vertreten. Die Anhaltspunkte sind dabei unsere Wirbelsäulenetagen.

Schädel	Fingerkuppen	Gehirn
Halswirbelsäule	Grundglieder der Finger	Sinnesorgane, Mundraum, Zähne, Hals, Nacken, Mandeln
Brustwirbelsäule	Mittelhandknochen	Herz, Lunge, Leber, Galle, Bauchspeicheldrüse, Milz
Lenden- wirbelsäule	Handwurzelknochen	Darm, Nieren, Blase, Geschlechtsorgane
Kreuzbein, Steißbein	Handgelenk	Beckenboden, Hüfte

Bei der Suche nach den Reflexzonen eines Problems brauchen wir daher nur unseren Körper in dieses Handbild gedanklich übertragen. Unsere Problemstellen finden wir dementsprechend: Die Zonen der betroffenen Schulter befinden sich am Grundgelenk des kleinen Fingers und die unseres Zahns zwischen dem Grundgelenk und dem nächsten Fingergelenk.

Haben wir den Zielbereich ausfindig gemacht, können wir präzise nach den unangenehmen Reflexzonenpunkten fahnden und diese entsprechend behandeln.

Reflexzonen Hände INNEN

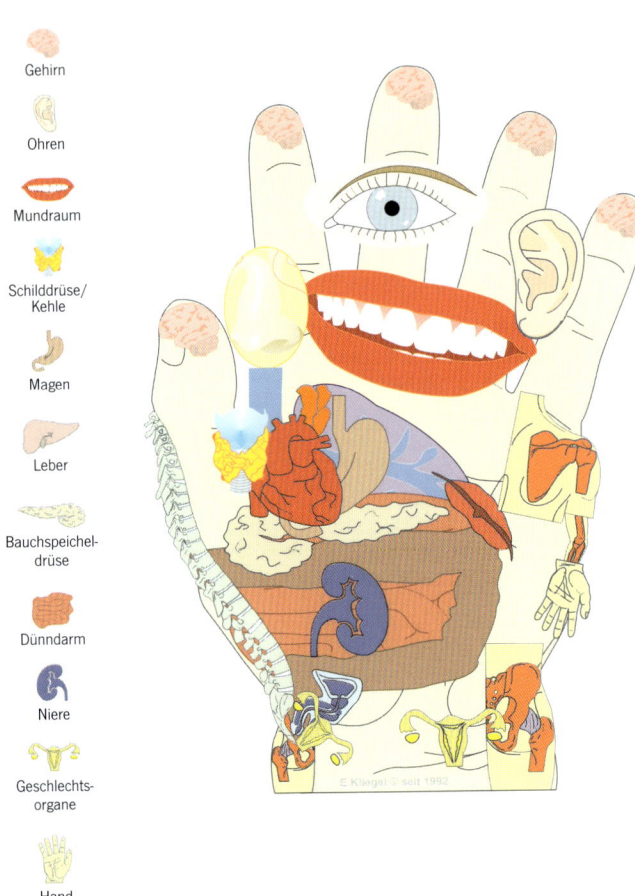

Gehirn

Ohren

Mundraum

Schilddrüse/
Kehle

Magen

Leber

Bauchspeichel-
drüse

Dünndarm

Niere

Geschlechts-
organe

Hand

Reflexzonen Hände INNEN

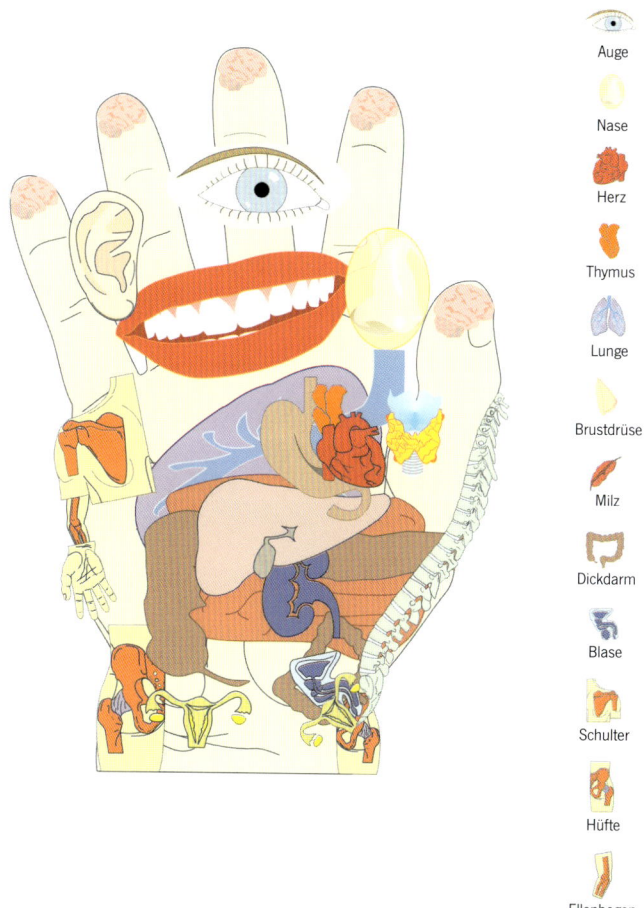

Auge

Nase

Herz

Thymus

Lunge

Brustdrüse

Milz

Dickdarm

Blase

Schulter

Hüfte

Ellenbogen

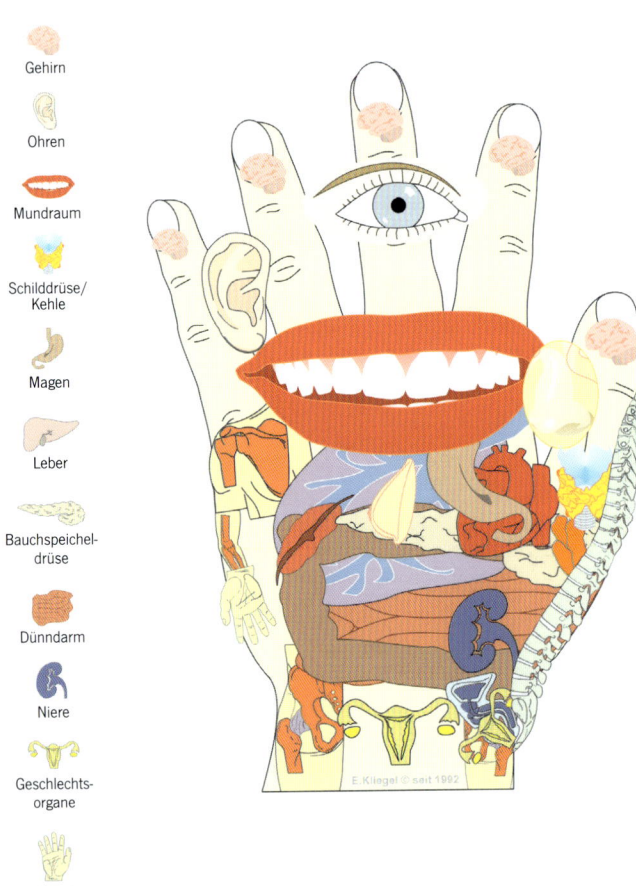

Gehirn

Ohren

Mundraum

Schilddrüse/
Kehle

Magen

Leber

Bauchspeichel-
drüse

Dünndarm

Niere

Geschlechts-
organe

Hand

E. Kliegel © seit 1992

Reflexzonen Hände **AUSSEN**

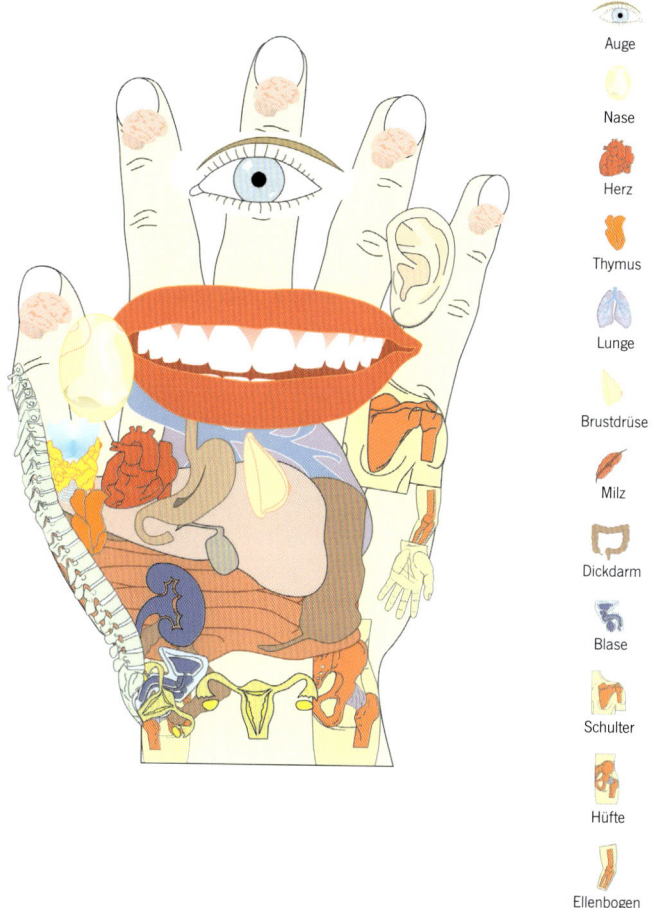

Auge

Nase

Herz

Thymus

Lunge

Brustdrüse

Milz

Dickdarm

Blase

Schulter

Hüfte

Ellenbogen

Zum Autor

Ewald Kliegel (*1957)

Den Beginn seiner Arbeit mit Menschen bildeten 1976 zwei Praktika: Das eine absolvierte er in einem urologischen Krankenhaus und das andere in einer Schule für lernbehinderte Kinder. Beide Themen, Heilen und Lehren ziehen sich seither als Aufgaben durch sein Leben. Seine medizinischen Berufe Masseur und Heilpraktiker ebneten den Weg zu einem ganzheitlichen Umgang mit Körper und Seele. Seit 1989 lehrt er an naturheilkundlichen Schulen und in eigenen Seminaren im In- und Ausland.

1992 fand er mit den »Landkarten der Gesundheit« eine einheitliche Formensprache in der Darstellung von mehr als dreißig Reflexzonensystemen. Hierzu gesellten sich 1996 die Edelsteingriffel als formschöne Energiewerkzeuge, die er für die Reflexzonenbehandlungen und für die Akupressur entwickelte. Um 1999 begannen dann die Recherchen für das Buch »Reflexzonen und Organsprache« (erschienen 2008). Darin werden die Organe nicht mehr als Träger von Krankheiten dargestellt, sondern sie bekamen in kurzweiligen Geschichten einen Ausdruck als seelische Urbilder, die auf unser Innerstes wirken. In einer konsequenten Weiterführung folgte er den Organen in die seelisch-spirituellen Grundlagen unseres Seins, wo sie sich in ihren Wesenslichtern und ihrer Schöpfungsidee zeigen. Dieses Anliegen hat Anne Heng in wunderbare Bilder umgesetzt.

Ewald Kliegel lehrt in den Seminaren seines Programms »reflexbalance« Reflexzonen- und Edelsteinbehandlungen für Therapie und professionelle Wellness. Zudem bietet er Vorträge, Veranstaltungen und Seminare, in denen er Räume für die geistig-seelischen Aspekte der

Organe öffnet, wo mit Selbstwahrnehmung, Achtsamkeit und meditativer Hinwendung ein heilendes Feld für eine tiefe Verbindung mit den Organen aufgebaut wird. Diese Veranstaltungen und Seminare eignen sich für die professionelle Arbeit mit Patienten wie auch für die Verbesserung des Körperbewußtseins und als geistig-seelische Gesundheitsvorsorge.

Kontakt:
Ewald Kliegel
Rotenbergstr. 154
70190 Stuttgart
info@reflex-balance.eu

Bücher von NEUE ERDE im Buchhandel

Im deutschen Buchhandel gibt es mancherorts Lieferschwierigkeiten bei den Büchern von NEUE ERDE. Dann wird Ihnen gesagt, dieses oder jenes Buch sei vergriffen. Oft ist das gar nicht der Fall, sondern in der Buchhandlung wird nur im Katalog des Großhändlers nachgeschaut. Der führt aber allenfalls 50% aller lieferbaren Bücher. Deshalb: Lassen Sie immer im VLB (Verzeichnis lieferbarer Bücher) nachsehen, im Internet unter **www.buchhandel.de**

Alle lieferbaren Titel des Verlags sind für den Buchhandel verfügbar.

Sie finden unsere Bücher in Ihrer Buchhandlung oder im Internet unter **www.neue-erde.de**

Bücher suchen unter: **www.buchhandel.de**. (Hier finden Sie alle lieferbaren Bücher und eine Bestellmöglichkeit über eine Buchhandlung Ihrer Wahl.)

Bitte fordern Sie unser Gesamtverzeichnis an unter

NEUE ERDE GmbH
Cecilienstr. 29 · 66111 Saarbrücken
Fax: 0681 390 41 02 · info@neue-erde.de